U0121057

任李肖垚 译

后浪

手机大脑

Skärmhjärnan

Anders Hansen

让人睡眠好、心情好、脑力好的戒手机指南

[瑞典]
安德斯·汉森
著

北京联合出版公司
Beijing United Publishing Co.,Ltd.

目　录

前　言　002

序　言　008

1.　仍处于原始时代的大脑　010

2.　压力、焦虑和抑郁——进化的赢家？　027

3.　手机——一种新型兴奋剂　046

4.　注意力——时间的稀缺性　061

5.　偷走时间的最大嫌疑人　080

6.　那些戒掉 SNS 后情绪变好的人　095

7.　数码产品会给孩子带来哪些影响　126

8.　想要有所改变，就先运动起来　151

9.　大脑至今仍在持续变化着　162

10.　“自然的”并不一定就是好的　179

附　录　献给旅行在数码世界的人们的安全手册　183

致　谢　186

参考文献　188

前 言

我们生活在一个史无前例的陌生时代。

数码生活给我们带来了怎样的影响？

人类的大脑无法适应数码时代，这就是我们要在这本书里谈论的主要内容。随着新冠肺炎席卷全球，手机越发成了人们与外界沟通交流的主要工具。在这样的现实之下，本书中谈及的观点和内容，究竟能否带来帮助？

我认为，目前正是我们急需阅读这本书的时候，让我们一点一点来消化吧。

现如今，成年人平均每天使用手机的时间为 4[①] 小时，青少年则为四五个小时。近 10 年间，人类以有史以来最快的速度实现了行为改变。这样的变化带来了怎样的后果？我希望对此做出科学的解答。

其他学者是如何看待数码时代的？身处这样的时代，我们的情绪、睡眠时间、注意力等受到了何种影响？幼儿和青少年的成长会因此获益还是受害？我们是否真的了解这一切？我试图从源头出发，超越推测和设想，讨论一些已经得到验证的事实。这些内容一定比“大家每天会花多长时间玩手机？”等问题更加接近本质，自然也更为重要。

生活水平提高了，为何越发感到不开心？

---

① 书中数据基于作者完稿时的统计结果，截至 2022 年 1 月，该数字为 7 小时，读到本书时，读者花在手机和社交媒体上的时间可能要更多。——编者注

作为精神科医生，最近我见到的前来寻求帮助的患者越来越多，他们大多对自身充满了反思。最典型的例子便是，在瑞典，每9名成年人中就有1名（！）在服用抗抑郁药物。其他许多国家的状况也与此相似。人类正享受着空前富有的物质生活，然而在GDP（国内生产总值）快速上升的过去几十年间，服用抗抑郁药物的人数也急剧增长起来。生活条件变好了，为什么我们却变得越发不开心呢？

物质生活得到了满足，为什么人们还是会感到焦虑不安？与他人的联系越发紧密了，为什么反而觉得更加孤独？我希望通过这本书，找寻出这些问题的根本原因。首先可以告诉大家的是，我们目前的确身处一个史无前例的陌生时代。此刻我们生活的这个世界，与此前人类一直生活的、不断历经进化的世界之间存在着许多的“不一致”，正是这些“不一致”影响着我们的情绪。

一万年间不曾发展的人类大脑

自行车、电器、手机等对我们来说都是稀松平常的事物，仿佛人类世界从一开始就拥有这些东西。但事实上，站在整个人类历史的角度来看，这些事物存在的时间都十分短暂。狩猎采集的生活占据了人类历史99.9%的时间，我们的大脑也是随着这一生活方式不断进化而来的。然而近1万年以来，人类的大脑基本没有发生变化。这就是说，尽管身处现代社会，但我们的大脑却认为我们仍然“生活”在非洲的热带草原时期，这完全是由生物学因素导致的！

当然一定会有人说，“那又怎么样，我现在又没办法真的跑去森林里打猎过日子”。的确如此，但我们对“大脑觉得人类还生活在原始时代”这一事实的认知是十分重要的。就停留在一万年前的大脑而言，其深处还留存着许多原始的欲望，例如想睡觉，想活动，想与他人建立联系等。认识到这一点，是帮助我们准确理解这些欲望的关键。如果忽视这些，人就不可能感到快乐。生活在数码时代的我们，却总是看不见这些欲望的存在。

我们比从前睡得少了。过去10年间，西方国家存在睡眠问题的青少年人数暴增。如今在瑞典，被失眠困扰的青少年人数相比20世纪末增长了800%。同时，我们也活动得太少，与他人建立联系的方式也与从前不同了。越来越多的人被巨大的孤独感裹挟着，这一现象在青少年中尤为凸显。这当然是在新冠肺炎来袭、人们开始居家隔离之前就一直存在的问题！

众多研究显示，睡眠、身体活动以及与他人的紧密联结，都是我们维持身体健康的重要因素。如今随着这三大要素被忽视，人类自然会不可避免地抑郁起来。

此刻应对新冠肺炎的人类大脑，是哪个时代的产物

认识到现代社会与人类历史的“不一致”，除了有助于我们理解自身的情绪感受之外，在其他方面也发挥着重要作用。我们来看看这次新冠疫情带来的危机吧。这场瘟疫为什么会引起我们如此激烈的反应，甚至一度让全球停摆了？

如果你因为疫情的扩散而整夜睡不着觉，那么我想，你一定也属于那类认为癌症或心脏病是造成西方人死亡的主要原因，并为此感到担心的人吧。然而，有史以来，人类的死亡大多不是癌症或心脏病造成的。在99.9%的人类历史中，是饥饿、杀戮、脱

水和感染将死神带到了我们的祖先面前。我们的大脑被“设计”得十分擅于处理这些问题，因为我们就是那批在这些灾难中生存下来的人的子孙后代。

饥饿一度是人类最大的敌人，因此我们的大脑进化出了“渴望热量”的机制。这份“渴望”使得曾经的我们一旦发现食物就会将其吃得一口不剩。然而在只要有钱就可以胡吃海喝的现代社会，对于食物的渴望似乎难以正确发挥作用了。这也是为什么2型糖尿病和肥胖成了全球性问题。

那么，这与新冠肺炎又有何种关联呢？是的。由于历史上曾有无数人因为传染病死亡，因此包括大脑在内的人类身体，就是在这样的过程中不断进化而来的。我们拥有了强大的免疫系统，同时我们的行动也得到了发展，变得懂得规避“被传染”的风险了。由于切断与病毒和细菌的接触至关重要，因此我们往往一眼就能看出眼前这个人是否生病了。

除此以外，我们还拥有收集被感染者相关信息的本能。因为只有这样，我们才能够远离感染源，确保自身安全。

这就解释了为什么在新冠疫情暴发之后，我们会整天通过电视、网络和手机去关注大量的新闻报道。全世界都被裹挟在“确诊人数”和“死亡人数”的飓风之中，这给不少人带来了压力。

我们为什么会被错误的信息绑架

诚然，在人类面临危机状况时，数码产品是能够发挥重要作用的。即使是在家工作，我们也能够通过网络与他人进行接触。我本人对此也深有体会。多亏了手机，我才能在暗无天日的居家隔离生活中维持与外界的沟通交流。在新冠肺炎肆虐期间，数码产品就是一座座连接世界的桥梁，但它也引发了不少问题。谣言和阴谋论在 SNS[①] 上大量流传，扩散速度比病毒还快。尽管灾难发生时难免会有谣言兴起，但与从前小范围的扩散不同，如今只需要几个小时，虚假情报就可能传到上百万人的耳朵里。对此世界卫生组织（WHO）指责道，新冠肺炎的全球大流行，还带来了另外一种疾病，那就是“信息流行病”。

人们为什么会如此轻易地被虚假信息欺骗？我们应该如何处理这些情报？这也是本书将要探讨的问题之一。

我们的大脑每天都在遭遇黑客入侵

我会写这本书，其实也有一些个人的原因。一年前，我突然发现自己每天都需要使用 3 个小时的手机。当察觉到这个问题时，我感到非常震惊。3 个小时之久！

对我来说，这就像是随手将时间丢弃在大马路上一般可惜，但我却仍然无法放下手机。当坐在沙发上看电视时，我也总是不自觉地想去摸手机！我热爱读书，最近却老是感到难以集中精力。尤其是一些需要仔细阅读的段落，我时常读到一半就放弃了。但我知道，绝不只有我自己出现了这些问题，察觉到这一点之后，我便决定写下这本书。在不断研究的过程中，我发现人的大脑也会遭到黑客侵袭，就像那些“脆弱”的电脑编程一样。聪明的企业家已经成功占领了我们的大脑，他们开发出许多产品来掠夺我们的注意力。也许你认为自己使用手机完全是出于个人的需求和意

① 专指社交网络服务，包括了社交软件和社交网站。——编者注

愿，但这个想法其实是错误的。Facebook（脸书）、Snapchat（色拉布）、Instagram（照片墙）等产品早已“黑掉”了我们大脑中的奖赏机制。仅仅用了10年时间，它们就吞噬了全球的广告市场。这些企业家究竟使用了什么妙招？我们也将在这本书中对此进行探讨。

科学技术的“两副面孔”

人们都说我们应该尽快适应、积极掌握新的技术，但我并不这样认为。我想，不应该是人类去适应科学技术，而是新的技术开发要符合人的需求。

例如，以Facebook为代表的诸多SNS，难道就不可以开发一些引导人们见面接触、不妨碍睡眠时间、让我们多多运动起来、防止虚假情报扩散的功能吗？

当然，这也只是一些单纯的设想。由于背后隐藏着巨大的资本力量，SNS恐怕也很难按照我的想法设计。人们使用Facebook、Instagram、Twitter（推特）等社交平台的时间越长，对于资本家来说自然越有利。因为这可以时刻引导使用者观看广告、购买商品。因此，企业家的目标便是最大限度地夺走我们的时间。他们已经越来越懂得要如何设计产品才能让人们无限沉溺于其中。

如今我们的生活已然离不开新技术，未来社会更是如此。但我们一定要牢记，技术是有“两副面孔”的。只有这样，我们才能从中受益，也才能因此感到快乐，而不是因为违背了人的本能而感到压迫。

我希望人们能够真正理解眼前的数码时代，认知到其中存在的诸多风险。希望这本书能够给大家带来帮助。

序　言

2018 年 5 月，我出席了由美国最具代表性的学术组织——美国心理学会（The American Psychological Association，APA）在纽约举办的年度学术大会。为了听取顶级专家的脑科学研究报告，全球数千名心理学家齐聚一堂，而在私下，我们也时常探讨“双相情感障碍”的问题。

参加 APA 的学术会议，常会听到一些有趣的“题外话”。目前全球的心理学家和研究人员最关心的命题是什么？他们正聚焦于哪个领域？“偷听”这些内容能够让我获得灵感，感到兴奋。在 2018 年的学术会议上，许多心理学家都抛出了同一个问题，那就是“数码时代对我们产生了哪些实际影响？我们现在是否在拿自己，甚至我们的后代进行一种广范围的实验？”。

尽管这些问题尚无定论，但过去 10 年间，人类在沟通交流、社会比较[①]等方面表现出的行为变化，也许比想象中的要广泛深刻不少。这一点几乎所有学者都表示认同。大家纷纷推测，这些年来患上心理疾病的青少年人数激增，可能也是高速运转的数字化生活方式导致的。

不可否认的是，目前我们仍处于“问题一大堆，答案没几个”的状况之中，但也不至于一片茫然。关于“数字化生活对大脑造成的影响”等研究的确尚处于起步阶段，但也一直在不断

① 个体把自己与具有类似生活情境的人相比较，对自己的能力、行为水平及行为结果做出评价的过程。——编者注

发展。

这次会议结束后，我突然意识到，过去 10 年间，人类行为方式变化的速度之快，在历史上是前所未有的。数字化生活的普及，压力形式的改变，我们睡眠时间的骤减，久坐不动状态的延长，使得各种变化接踵而至。这就意味着，如今我们的大脑可能开始面临未知的领域，正经历着巨大的认知变化。这一状况究竟会带来怎样的结果？我们将在本书中对此进行探讨。

安德斯·汉森

1. 仍处于原始时代的大脑

刚才翻过的页面中，印着 1 万个点。现代人类出现于 20 万年前的东非，我们假设这里所有的点都承载着人类的历史，一个点代表人类的一个世代。那么，拥有汽车、电器、洁净水、电视机等的世界，对应着多少个点呢？

........（8 个点）

又有多少个点体验过拥有电脑、大哥大、飞机的生活？

...（3 个点）

使用过智能手机、Facebook、网络的呢？

.（1 个点）

人类所体验到的一切（情感、记忆、意识等），究竟来自哪里？答案就是大脑。目前看来，人类的大脑具备全宇宙顶级的构造。大脑以超乎寻常的方式，令我们对自身感到陌生和害怕，同时也让我们感知到“我是我”。然而一直以来，大脑最为适应的那个世界，与前面书里印着的最后一个点，即如今的我们最为熟知的现代生活（也是大脑目前实际所处的世界），却有着本质上的区别。

◎ 不好不坏的进化

我们是进化的结果，进化的过程是没有意义也不存在目的的。进化不存在“好与坏”的问题，它既不企图伤害我们，也不打算带来帮助。它只是赋予我们生存的基本条件，让我们能够适应周边环境而已。进化是如何做到这一切的呢？举例来说，一群生活在北美的棕熊长途跋涉之后来到了阿拉斯加。在寒冷的北极地区，棕熊们由于无法轻易将自己隐藏在雪中，因此极容易被它们唯一的猎物海狗所察觉，最终捕获不到猎物，于是一只接一只地饿死了。

然而在它们之中，在一只母熊的卵子里，决定毛发颜色的基因发生了突变，这一突变是完全偶然的，却使得生下来的幼熊毛发刚好呈现出了白色。相比其他棕熊，这只白熊在雪地中显得更不起眼，自然也更容易捕捉到猎物。因此它的生存概率变大，繁衍出了更多白色的后代，就这样世世代代存活下来了。另一方面，棕熊则逐渐遭到淘汰，在1万年或数万年的时间过去之后，阿拉斯加地区便只能看到白色的熊，也就是今天的北极熊了。

能够提高存活率、繁殖率的遗传特征，通常会在经历漫长的岁月之后，成为普遍的特征。包括人类在内的所有动植物，都是通过这样的方式不断适应着各自所处的环境的。我们想想北极熊就会知道，仅仅是毛发颜色的改变就耗费了上万年的时间，实在是来之不易。各物种想要获得巨大的变化，耗时更是不必多说了。

我们来想想 10 万年前生活在大草原上的一位名叫卡林的人吧。卡林爬上树，摘了一些清甜、饱腹感强的水果吃下后便心满意足地离开了。第二天一早，他感到肚子饿了，于是又去昨天那个地方摘果子，却发现果子都被摘光了。而事实上，在卡林生活的世界，“果子被摘光了”是可能威胁生命的事情，当时大约有 15% 至 20% 的人是被饿死的。

再来看看另一位名叫玛利亚的人，她同样生活在大草原上。由于基因突变，玛利亚对于甜味的感知与他人不同。在吃到甜水果时，她的大脑中会分泌出大量的多巴胺，多巴胺便是给予我们幸福感和活力的物质（在本书第 049 页可以看到关于多巴胺的进一步讨论）。

这样的基因突变使得玛利亚对树上所有的果子都充满了渴望。只吃一个是满足不了的，要尽可能全都塞进嘴里，然后在肚子快要爆炸的状态下才离开。第二天一早一睁眼，她再次体会到想要吃些甜食的冲动，于是又一次来到了树下，却发现昨天自己剩下的几个果子都不见了。这自然令她感到沮丧。好在昨天吃了很多，现在还不算太饿，于是她便离开了。

我们可以推测的是，这两个人中，玛利亚的生存概率可能更高。没有消耗殆尽的热量变成脂肪留了下来，会在寻觅不到食物的时候给她提供能量，让她不那么容易感到饥饿。而生存下来的玛利亚也将“储存热量”这一基因遗传给了后代，最终为生存和繁殖带来了好处。（当然，除了基因之外，环境因素也会造成一定的影响。）“渴望热量”的子孙后代越来越多，生存率也不断提高。在数千年的悠长岁月中，这一遗传特征便逐渐成为人们普遍具备的显著特征。

我们试着将卡林和玛利亚带到充斥着快餐食品的现代社会中来吧。卡林看到了麦当劳，走进去买了个汉堡，吃下后心满意足地出来了。接着玛利亚走了进去，她一口气吃掉了汉堡、薯条、可乐、冰激凌等食物，觉得肚子快要被撑破了，然后她也离开了。第二天一早，玛利亚肚子饿了。她很清楚地知道，今天的麦当劳也充斥着大量的食物，于是她就会再次前往，点上一大堆跟昨天一样的食物。

两三个月后，暴饮暴食的玛利亚体重暴增，还患上了 2 型糖尿病，她的身体无法再承受一路狂飙的血糖数值。此时状况便出现了反转。在大草原上保护玛利亚存活下来的热量如今已经不再适合她了。在人类历史中 99.9% 的曾帮助我们存活下来的各种优势，今天似乎都变成了伤害我们的刀子。

这一观点并不只是一种推论，它正逐渐成为现实。在上百万年的时间长河里，我们的身体通过进化获得了对热量的渴望，并因此得以繁衍生息。而在现代社会，只要有钱，食物就是唾手可得的东西。然而，由于这样的环境变化是在近两个世纪才出现的，人类尚未拥有足够的时间去适应它。单从生物学角度来看，我们的大脑仍处于一个一看到食物就默默呐喊“吃掉它，不然明天一早可能就没有了！”的时代。

其结果不言而喻。肥胖和 2 型糖尿病如今成了世界性的问题。尽管我们无法准确得知祖先们的体重，但根据至今仍未进入工业化社会的非洲部落，其平均身高体重指数（BMI）为 20（其体重处于正常中偏低的水平）的状况来推测，我们也许会得到一些提示。现代社会美国的平均 BMI 为 29（肥胖），瑞典则为 25（超重）。

对那些在短短数十年时间，就从贫困国家跻身发展中国家的社会来说，超重和肥胖的问题尤为突出。这些国家的人们往往只经历了几个世代的饥饿，就一头扎进了西方世界的快餐文化中。

值得注意的是，不仅是身体机能，我们的心理机能其实也没有很好地适应现代社会。假设玛利亚是一个警觉的人，她时常因为四周的威胁而感到焦虑，总是想方设法地进行躲避。在从前的时代，许多人因为意外丧生，或被他人殴打致死，抑或被动物吃掉，因此这样的警觉对于生存是有利的。但到了现代社会，周边环境已经变得大致安全。持续的焦虑、时刻的提防只会让心情变差，令人整日惶惶不安，生活在恐惧之中。

从前的人类需要时刻观察自己所处的环境，及时做出应对，这样才可以快速捕捉到稍纵即逝的机会，同时避开危险要素。一不留神就可能被躲在丛林中的野兽吃掉，因此必须留心观察！然而，今天的我们如果仍然对外界的刺激过度敏感，总是冲动行事，自然是不太现实的。许多孩子就是因此无法集中精力听课，有时连老老实实地坐在教室里也很困难，甚至被诊断为注意缺陷与多动障碍（ADHD，又称儿童多动症）。

❂ 我们未能进化成适应现代社会的模样

跟其他动物一样，人类一直以来也是“按照”所处环境不断进化的。如果仔细观察赋予我们这诸多特征的世界，就能更好地理解自己。纵观历史，绝大多数的人类生活的时代（准确说来，1 万个点中可能有 9500 个点）都属于狩猎采集的时代，这是一个压倒性的比例。虽然很难准确描述当时的世界，但它显然与我们目前所处的时代截然不同。关于史前时代的记录无处可寻，至于那时人们究竟是如何生活的，如今的我们也只能进行推测，而这些推测甚至可能并不具备普遍性。因为在以狩猎采集维生的时代，各部落间的生活方式也不尽相同，正如当今世界每个国家都有着属于自己的生活习俗一般。不过，尽管手中掌握的信息量甚少，也无法进行一般化的推理，我们仍然可以用几句话来进行阐述，说明狩猎采集时代的世界和我们如今身处的世界究竟有何不同。

在当时，人们生活的集体由 50 至 150 人组成。
在当今社会，人们大部分生活在城市。

在当时，人们不断迁移，居住环境简陋。
在当今社会，人们通常在同一个地方生活数十年。

当时的人们一生只能见到大约 200 至 300 个人，且都与自己长相类似。
在当今社会，人们一生可能见到上百万来自世界各地的人。

当时的人们可能在满 10 岁之前就去世了。
在当今社会，10 岁前去世的人所占比例极低。

在当时，人们的平均寿命尚不能达到 30 岁。
当今社会平均寿命为女性 75 岁，男性 70 岁（以全世界为基准）。

当时导致人们死亡的原因大多是饥饿、脱水、感染、出血、呕吐等。
在当今社会，最常见的死亡原因是心血管疾病和癌症。

当时有 10% 至 50% 的人是被他人殴打致死的。
在当今社会，杀人、战争、内战等带来的死亡不足 1%。

当时的人们极其警觉，时刻注意观察身边环境，以此躲避危险。
在当今社会，专注力被看作是人类最宝贵的特质，此前世界的危险因素已不复存在。

在当时，许多人无法移动，因为食物匮乏而饿死。
在当今社会，人们即使待在原地也不会饿肚子，外卖甚至会送到家门口。

在经历了此前上千个点之后，人类生存的环境在短短两三千年（甚至可以说是在两三百年！）的时间内就发生了如此巨大的变化。尽管在普通人眼中，两三千年显得十分漫长。但从进化的角度来看，这不过只是弹指一挥间。一路走来，我们都在不断进化成适应环境的样子，但今天的我们却反而离时代越来越远。这会带来怎样的结果？想要了解这个问题，我们就必须仔细观察大脑，深入研究这个放置着人类所有思想、情感和经验的地方。

✪ 情感是我们的战略目标

从出生起到闭眼的一瞬，我们的大脑一刻不停地在琢磨着一个问题："现在干点儿啥好呢？"大脑不在乎昨天已经发生的事情，它只关注当下和未来。为了对眼前的状况做出判断，它会调动记忆，并接受情感的帮助，努力做出正确的决定。然而，"怎样才能让心情变好？""如何才能积攒起经验？""怎么做才能保持健康？"，大脑的活动并不集中在这些地方，而是仍然关注着祖先们留存下来的问题。

情感并不是我们对周边环境做出的反应。它是大脑将发生在我们周围的事情和身体反应结合起来制造出的一样东西，并因此促使我们做出各种行动。很奇怪吗？那我们从头来捋一捋吧。通常在心情糟糕的时候，人类会更想要去理解、控制自身的情绪。为此就必须先弄明白，什么是情感，为什么会有情感的存在等问题。情感不仅能让我们拥有丰富的内心世界，它的功能更是多种多样的。

与其他物种一样，人类身体和大脑的进化，也基于"活下去，向后代传递基因"这一最为基本的原则。进化一直在尝试各种不同的战略。比如，赋予一些物种敏捷性，让它们能够快速从敌人身边逃脱；或者让一些物种具备高度的伪装能力，以便不被轻易发现；又或者像长颈鹿一样，拥有一条长长的脖子，因此可以吃到高处的树叶，这些都是其他动物所没有的独特优势。此外，还有“促使某一物种采取能够保障生存的行动”等战略（人类的基因中便存在）。而情感，就像长颈鹿的脖子、北极熊的白色毛发一样，是一种生存战略。但比起一些身体属性，情感更多的是帮助我们更加灵活、迅速、有力地处理某些问题。

✪ 情感对大脑的操控

从最初的抓耳挠腮到第一颗原子弹成功爆炸，人类的一切活动都是自身想要改变内在精神状态的欲望带来的结果，从中也可以看出情感究竟是如何操纵我们的。当置身于危险境地时，我们会感到害怕或因此发脾气，也会选择逃跑或加以攻击。体内能量不足，就会感到饥饿并开始寻找食物。

在如今我们生活的这个“完美世界”中，当面临抉择时，我们可以动用所有相关的信息来加以辅助。例如，我打算吃一个三明治，就可以事先了解三明治的营养成分，有些什么口味，面包是否新鲜等细节。还可以知道当身体内部渴望食物时，三明治是否是能够填满这一渴望的最佳选择，这些我们都可以准确把握。然后我们会综合各项情报进行分析判断，最终决定是否要吃三明治。假设我们的祖先中的某一位来到了这个“完美世界”，此刻他正站在充满了蜂蜜的蜂窝前面。那么，当想要伸手去获取蜂蜜时，他也可以把握到其中存在的危险和好处。例如蜂蜜的数量和热量，自己的身体究竟需要多少能量，为了得到蜂蜜去捅蜂窝的话，会不会受到严重伤害，除了蜜蜂以外是否还存在其他威胁，等等，然后再来决定自己到底是去大胆获取蜂蜜还是就此作罢。然而问题是，祖先们生活的世界并不像今天一样“完美”。

此时情感就会站出来，指导我们的祖先行动起来，及时有效地应对各种状况。当信息情报不足以支撑我们做出理性判断，或是需要花费的时间太长时，大脑就会疯狂计算，最终以情感的形式告诉我们答案。例如使我们感到饥饿，然后我们就会去吃三明治。同理，当我们的祖先感到被蜜蜂蜇伤的概率很低或迫切需要食物时，身体就会出现巨大的饥饿感，催促他们伸手去获取蜂蜜。而如果状况十分危险，他们则会体验到恐惧，并因此选择退却。

如今站在超市贩卖果冻的地方，我们往往会强烈地感到，“好想吃果冻”。这就是朝着“避免饥饿”的方向不断进化发展的运算法则给予我们的暗示。这是个食物过剩的世界，而我们大脑适应的时间尚且太短。因此站在果冻面前，我们时常难以做出理性的判断。相比承受着饿死风险的卡林，我们有更大的可能是那位对热量充满渴望的玛利亚的子孙后代。

为什么我们更容易被负面情感抓住

情感会从正负两个侧面操控我们，让我们做出不同的决定。但这并非靠情感一己之力就可以办到的。伴随情感而来的，还有一连串身体及大脑的反应，它们会对我们的身体器官、思考过程以及理解周边环境的方式都产生影响。

在感到危险的瞬间，大脑就会立即下令分泌皮质醇（cortisol）和肾上腺素（adrenaline），让我们的心脏更加剧烈地跳动起来。心脏便因此向身体肌肉输送大量的血液，使我们最大限度发挥自身机能，例如逃跑或做出反抗等。当感到饥肠辘辘时，一看到食物，大脑就会分泌出多巴胺，让我们对食物产生渴望。多巴胺就像能够让人类对彼此产生亲近感的催产素（oxytocin）一样，在性兴奋时也会分泌。它能够让我们保持专注，不被其他事情夺走注意力。

相比正面情感，负面情感更具优势。这就是因为，从历史的角度来看，负面情感通常与危险等因素联系得更为密切。吃饭、喝水、睡觉、交友这些事情也许可以往后推一推，但面对危险时却需要立即做出应对。这就解释了为什么当处在巨大的压力和不安之下时，人们无法顾及别的事情。我猜我们的祖先身处的时代，一定是危机四伏的。因此他们体验到的负面情感更多。可能也正因如此，在许多语言中，相比描述正面情感的单词，描述负面情感的词汇要多出许多。此外，负面情感似乎也更能引起他人的关注。试想，不存在矛盾斗争和戏剧冲突的电影、书籍，又有谁愿意看呢？

负面情感主要来源于压力。在下一章中，我们将对此展开更为详尽的讨论。

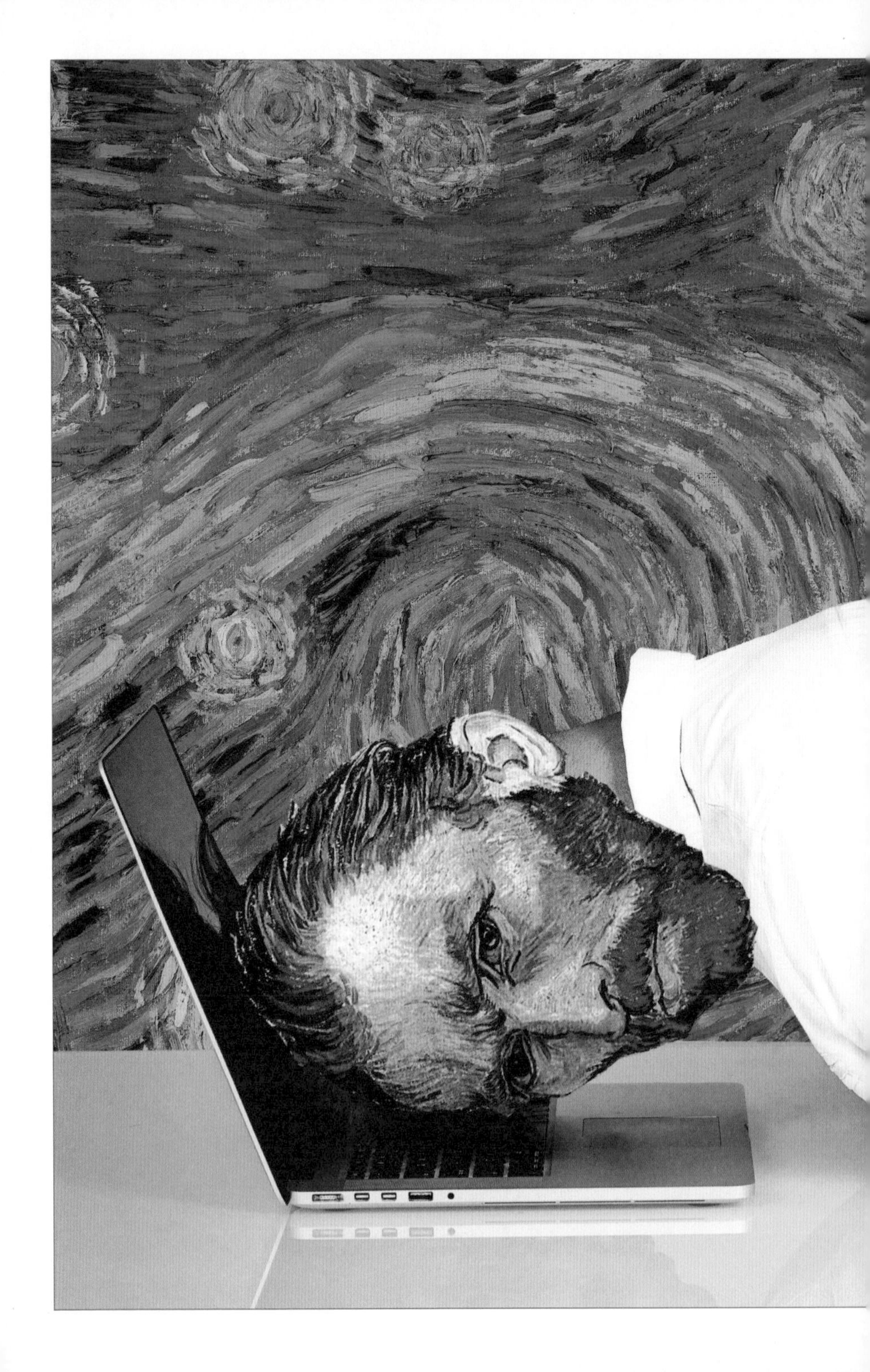

2. 压力、焦虑和抑郁——进化的赢家？

世界上 99% 的动物在受到压力时，都会在 3 分钟以内体验到极度的恐惧，紧接着战胜恐惧或直接昏倒。而人类呢？人类竟然可以一直承受着 30 年的房屋贷款带来的巨大压力。

——罗伯特·萨波斯基（Robert Sapolsky），
斯坦福大学神经内分泌学及进化生物学教授

对如今的我们而言，压力也许意味着化解不开的人生难题，是大考之前的怯场，或是临近截止日期工作却还堆积如山时的焦灼。但纵观历史，给从前的人类带来压力的东西并非这样的事物。

我们先来具体了解一下医学上所谓的 HPA（下丘脑–垂体–肾上腺）轴吧。HPA 轴经历了上百万年的发展，不仅人类，鸟类、蜥蜴、狗、猫、猴子等脊椎动物基本都拥有这一机制。H 代表下丘脑（hypothalamus），下丘脑会向位于大脑下方掌握内分泌的脑垂体（pituitary gland，P）发送信号，接着脑垂体便命令肾脏正上方的肾上腺（adrenal gland，A）分泌一种名为皮质醇的激素。而皮质醇正是身体最为重要的压力激素。

也许，HPA 轴就是人类和动物在应对极端危险状况的过程中发展起来的。假设我们的一位祖先遇到了狮子。此时 HPA 轴就会拉响警报，促使我们做出适当的反应。即“下丘脑向脑垂体释放信号，脑垂体又向肾上腺下达命令”这一连串过程。皮质醇会将能量拉至最高点，使得心脏更加剧烈地跳动起来，就像我们每个人在受到压力时都曾经历过的那样。然而，心跳究竟为什么会加快呢？在遇到狮子时，祖先们需要迅速做出反应，是与其殊死搏斗还是撒腿就跑？这便是所谓的“战斗或逃跑反应”（fight or flight response）。为了全力战斗或全速奔跑，身体肌肉需要得到大量供血，为此心脏必须要更加强有力地搏动起来，如此一来，这一机制就留存了下来。

❂ 压力应对机制是这样形成的

压力应对机制存在的理由跟我们拥有情感的理由一样——为了生存。人类身体的其他部位也不例外，都是为了帮助我们的祖先在从前危机四伏的世界里生存下来，才不断发展进化而来的。相比今天的我们，祖先们面临的危险要复杂不少，这些危险大多要求他们快速拿出应对方案。到底是跟狮子搏斗，还是转身逃跑，在这个状况下稍微有所犹豫的人，就很可能成为狮子的午餐，今天的基因库里恐怕也找寻不到他们的基因了。

生活在现代社会的我们不再需要过分担心生命受到威胁的问

题，这自然是一种幸运。然而，当工作没能按时完成，房屋贷款金额太大，或是没能在 SNS 上获得足够多的点赞时，我们就会感受到压力。这需要从社会心理学的角度来分析。此时被激活的压力应对机制与我们祖先面对狮子时基本一致。尽管 HPA 轴接收到的压力不像从前那样强烈，但这些压力却可能持续数月数年之久。然而，HPA 轴似乎没能进化成适应“持久战”的模式。一旦长期大量分泌压力激素，大脑就无法正常运转了。这就是说，如果人类持续处于战斗或逃跑反应状态下，大脑就会开始认为斗争或逃避是解决问题的最佳方案，逐渐产生类似这样的逻辑：

* 睡觉：待会儿再睡呗，多大个事儿
* 饮食：待会儿再吃呗，没事儿
* 繁殖：之后再做呗，小事儿

大家都曾感受过压力吧？每当这时，不少人甚至可能同时面临腹痛、睡眠不足、性欲减退等问题。大脑是如何将不需要即刻解决的问题往后推延的？只要理解这一点，我们就能够明白长期的压力会带来怎样的负面结果。持续的高压状态还会对我们的思考能力产生影响。也许适当承受一些压力会使我们的思维更加敏捷，但稍微一过度，我们就可能丧失理性思考、理性判断的能力。

高压之下，人类大脑中独有的、最为发达的部分会“瘫痪”，我们便只能依靠最古老、最原始的机制，快速强烈地做出应对。然而此时，大脑中负责“思考”的部分却未能提供帮助，最终导致问题变得更加严重。

在面临极端的压力时，我们会选择战斗或逃跑，因此也就遗憾地失去了深入思考的机会。此时排在第一位的是“解决问题”，因此相比一些“社会性更优方案”，大脑会更加倾向于进入“故障排除模式”（trouble shoot）。由于需要快速强烈地做出反应，人便会因为一些琐事产生极强烈的烦躁情绪，比如大喊大叫“到底为什么要把袜子扔地板上啊！”等。

过度的压力还会让人无法注意到身边发生的事情，失去享乐的悠闲，甚至“发起疯来”。在感觉良好时，我们才有可能放松警惕。受到威胁的大脑是最不可能放松警惕的，这就是为什么我们在压力很大时往往会觉得难受。此外，大脑的长时记忆功能也会遭到“排挤”。大脑各部位的连接形成了记忆，串联它们的“纽带”便是海马（hippocampus），即大脑的记忆中心。想要加强“纽带”和记忆，海马就需要向新形成的记忆回路发送信号。然而压力过大时，大脑就没有这样的“空闲”了，因此许多人在重压之下会感到记忆力不佳。

杏仁核——我们身体的火灾报警器

2018年夏季的某一天，我正在意大利的阿尔卑斯山徒步旅行。突然，在一片茂盛的草丛面前，我不自觉地呆住了。仿佛被施了定身咒，我感到完全无法动弹，心脏也在剧烈跳动。后面的朋友赶紧走上前来询问，我这才明白究竟是怎么回事。在我面前的草地上放着一些灰色的橡胶管，从几米远的地方望去，仿佛一条条蛇。这就是说，大脑在我尚未意识到之前就已经扫视了一圈周边环境，从中发现了危险因素——“蛇”，于是拉响警报，促使我停下了脚步。而我自己竟是在几秒后才认识到，那仅仅是橡胶管而已。

如今，我们已经能够认知到，在我们做出的一些反应背后，究竟隐藏着怎样的机制。掌管这一切的便是大脑的“杏仁核”（amygdala），它因为形状与杏仁（almond）类似而得名。杏仁核于 20 世纪 80 年代被人们发现，事实上除去最初发现的杏仁形状部分之外，还有许多其他部分也属于杏仁核。但人们后来才了解到的这一点，因而就一直沿用了“杏仁核”这个名字。

杏仁核掌管许多重要的功能，在自身的记忆和情感之外，它还能够帮助我们分析判断他人的情绪。而其中最为重要的，就是捕捉危险，并在发现后即刻向我们报警。正是因为有了杏仁核的“警告”，压力应对系统 HPA 轴才会开始运转。我们通常将杏仁核的运转方式称为“火灾报警原则”。即，宁可错杀，也不放过。由于这一过程十分迅速，因此难免有失准确性。正如我自己亲身经历的那样，大脑的杏仁核发现了一个“好像是蛇”的东西，于是立刻按下了报警器，使我停下了脚步。但是，与其事后后悔，万事小心一点总是没错的。

此前我也曾提到，在历史上绝大部分的时间里，人类都是依靠高度的警觉生活着的，而其中有半数人活不过 10 岁。因此从历史的角度来看，火灾报警原则事关生死。“狮子！赶紧跑！”相比待在原地不动的人，赶紧逃跑的人生存概率往往更高。少一次报警可能会丧命，多一次报警又没什么坏处，所以杏仁核的草率反而成了它的加分项。

❂ 杏仁核时刻地扫视

事实上，不仅是在感到危险时，就连平时，杏仁核也处于活跃的状态。对正在阅读这本书的读者朋友而言也是一样，此刻你们的杏仁核也在不断“扫视”着四周。杏仁核的活跃是一件坏事吗？不是的。但它的确可能因为任何事情“按下开关”，而变得活跃起来。例如，走在街上听到巨响时，会议迟迟不结束时，报告完成得不够好时，在 Instagram 上没能获得足够多的点赞时……杏仁核非常敏感，周围的刺激越多，它便扫视得越“勤奋”。

理论上来讲，蛇、蜘蛛、高处、狭窄空间等万事万物都有可能激发杏仁核的活动。你也许会感到奇怪。因为在瑞典，每年被蛇或蜘蛛咬死的人屈指可数，相反，因为交通事故去世的人有大约 250 名，因为吸烟死亡的人数则高达数万。这样看来，杏仁核似乎更应该对烟盒或驾驶时未系好的安全带做出反应。它为什么反而会被蛇、蜘蛛、高处激活？没错，因为在从前漫长的岁月中，就是这些东西夺走了我们大部分祖先的性命。从进化的角度来说，杏仁核遭受香烟威胁的时间还太短。这也就解释了为什么明明生活在城市，却有那么多人并不恐惧汽车，反而会因为恐惧蛇或蜘蛛等而寻求心理帮助。同时这也足以证明，我们一路进化而来的世界，与此刻我们所生活的现实世界的确存在许许多多的不一致。

❂ 焦虑——身体的保护器

焦虑。光是看看这个词，大家就会觉得不太舒适吧。但焦虑

压力是不可或缺的

提到“压力”，大家往往觉得它是个负面的词。然而如果想要充分发挥自身的能力，压力其实是不可或缺的。短期的压力可以帮助我们提高注意力，使我们的思维更加敏捷。也就是说，如果在工作上承受一天或一周左右的压力，也不一定是一件坏事。

身体的压力应对机制对我们的正常活动具有十分重要的作用。如果抽走动物的HPA轴，会发生什么呢？通过实验我们发现，这些动物会对万事都表现得漠不关心，毫无精力，甚至不想进食。而这些表现，我们在患有疲劳综合征的人身上也可以观察到。他们通常会感到极度疲惫，由于HPA轴未能正常激活，他们可能连从床上爬起来的力气都没有。这便是大脑长期受到巨大压力后所面临的负面结果。

究竟是什么呢？总的来说，它其实是一种生存机制。对于一些遭受过重度焦虑症折磨的人来说，这一点可能有些难以理解。焦虑是一种极度的不舒适感，往往出现在危险到来之时，此时身体的压力应对机制也会随之开始运转。

比如，你为了准备入学考试拼尽了全力，并在几周前参加了考试。刚刚成绩公布了，你点进学校网站焦急地查看，发现竟然没考上！“不行！不可能！怎么会！”瞬间，你感到心跳加快，思绪像脱缰的野马一样不受控制。“为了考试我都把工作辞掉了，还在斯德哥尔摩买好了房子！别人知道了该怎么想我啊？”此时巨大的压力便会找上门来。心脏为了加大对肌肉的供血，也开始剧烈跳动起来，这与我们直面威胁时，为了能够最大限度发挥自身能力所做出的反应一致。尽管这并不会改变考试结果，但我们的身体显然已经做好了战斗或逃跑的准备。

接着让我们将时间调回考试前几周吧。此时的你一定难以入睡，并且丝毫没有食欲，全身上下都感到焦虑。“万一考试失败怎么办？”这个想法一直缠绕着你。这就是所谓的“焦虑”。此时我们身体里的哪个系统会开始运转？正是 HPA 轴！与受到压力时一样，感到焦虑时，战斗或逃跑反应也会变得活跃。然而这其中的原因却并不相同。压力，是我们“面对危险”时做出的反应。而焦虑，则是我们对“可能成为危险的某个东西”产生的反应。

为了摆脱危险，压力可能会带来一些帮助。但是，焦虑又有什么用处呢？临近考试，难道不是应该保持最佳状态吗？但问题并非如此简单。焦虑也会帮助我们建立起一些重要的机制，促使我们更加专注。“哎呀不管了，应该能考过吧”，如果抱有这样的想法，我们就很难集中精力学习。总想去看看剧、玩玩手机，因此考试合格的可能性也就更低了。

❂ 那些看起来不合理的焦虑，其实也是合理的

面临大考，因为担心不合格而感到万分焦虑的情况的确值得理解。然而有时候，人们却会因为一些发生概率极低的事件而感到不安。例如“要是地球爆炸了怎么办!”，容易感到焦虑的人，时常觉得那些几乎没有可能发生的事情也随时可能成为现实。其中还有不少人会毫无理由毫无征兆地焦虑起来。这些焦虑感只会让人无端烦躁，许多人尽管知道并不存在真实的诱因，也无法从中摆脱出来。

还有个别人，甚至看起来像在主动寻找可能引发焦虑的契机。这是由于从人类历史的角度来看，至少要疑心“可能存在危险”，及时做出反应，生存概率才会变大。这就是前面所提到的火灾报警原则。然而，今天我们的压力应对机制常因为一些莫名其妙的原因，在毫无必要的时候发挥作用。例如给喜欢的女生发信息，如果没有及时收到回复，就会感到焦虑——“看来她不喜欢啊。我真是个没用的人。我可能到死也交不到女朋友了”。由于担心遭到排斥，HPA 轴便自然而然地活跃了起来。

这与我们在草丛中看到疑似蛇的物体时，HPA 轴变得活跃的原理一样。其实大可当作一阵风吹过，不必在意。在感到不稳妥时，将安全放在第一位，对于我们的祖先来说的确至关重要，不过，对如今的我们而言却并非如此。

怯　场

大家在什么时候最容易感受到压力呢？我想也许是在人们面前讲话的时候吧。许多人因为害怕在他人面前讲话，甚至患上了所谓的公开演讲恐惧症（glossophobia）。之所以在意他人的目光，很大程度上可能就是因为人类一直以来都是群居动物。不想被评价，害怕遭受社会大众的侮辱，担心被群体排挤，在这样的状况下，大脑的压力应对机制就会启动，心脏也开始剧烈跳动起来。

对周边的评价十分敏感，似乎也恰恰证明了，我们的大脑尚未适应目前所处的现代社会。实际上，就算某次报告没有顺利完成，我们也不太可能真的因此丢掉饭碗乃至饿死。然而在进化的历程中，一旦被群体排挤，祖先们就可能陷入致命的危机。归属感不仅仅意味着稳定，更是生死攸关的大问题。因为在从前的世界，落单的人很难独自存活下来。

✪ 抑郁症——一种天然的保护？

969516，我甚至以为自己看错了，但事实的确如此。瑞典国家卫生与福利委员会的大数据显示，截至2018年12月，在16岁以上的瑞典人中，大约有100万人在接受抗抑郁治疗。这就意味着每9个成年人中就有1人存在抑郁问题。人类的寿命更长了，身体也比从前更健康，动动手指就可以享受到全世界的娱乐活动。然而我们看起来却比从前的任何时候都更不快乐。为何如此呢？

> 我是一名IT咨询顾问，今年春天因为工作的事情一直承受着巨大压力。那时儿子的心理健康也出了问题，不肯去学校。而我又在卖掉公寓前就购买了住宅，经济方面变得有些拮据。那阵子我几乎睡不着觉，情绪也很糟糕，但还是在坚持做着应该做的事情。好在到了夏天，事情就变得好起来了。我卖掉了公寓，儿子得到了有效的帮助，工作也变得稳定了。
>
> 然后我就和家人去西班牙旅行了两周，这实在是一段期盼已久的旅行。然而在那里，我才发现自己似乎真的出了问题。我无法从床上爬起来，有一种刚刚号啕大哭完、天塌了一般的倦怠无力感。我觉得什么都没有意思，未来一片暗淡。我唯一渴望的就是睡眠，每天大概要睡十四五个小时，却仍然感到十分疲惫。回家后我去了保健所，做了心电图和血液检查，医生说我患上了职业倦怠综合征。我感到难以理解。明明压力都已经解除了啊，为什么在一切都开始变好之后，我反而出现了问题呢？

即使从历史的角度来分析，这位患者所表现出的抑郁症状也是有些不合逻辑的。焦虑有利于生存，这尚且说得过去。但抑郁的人只想逃离这个世界，他们无法入睡，将自己跟社会隔绝开来，甚至还会失去性欲。这一切显然都只会大大降低我们延续自身基因、成功繁衍后代的概率。而且，为什么在压力因素全部消失之后，抑郁症状才爆发出来呢？

长期压力的代价

长期的压力是人们患上抑郁症最常见的原因。生活在现代社会的我们，会在人生陷入困境时受到巨大压力，而我们的祖先则会在遭遇野兽、暴徒、饥饿、传染病等情况时激活大脑的压力应对系统，这与因为电子邮箱爆满或浴室下水道堵塞就情绪崩溃的我们不太一样。对祖先们来说，长久的压力就意味着他们一直暴露在极大的危险之中，而这样的感受至今仍留在我们的身体里。

当大脑受到巨大压力时，就会做出“周边环境危机四伏”的判断，认为只有蜷缩起身体，躲在被子里才是安全的。那么，究竟是什么让大脑做出了这样的分析和判断？当然是情感了！大脑通过情绪操控着我们——“四周很危险，必须赶紧逃跑”，同时让我们感到抑郁，并将自己与世界隔绝开来。

如果我们的大脑能够良好地适应现代社会，长期的压力可能会成为一种帮助，使我们更好地应对各种状况。然而正如刚才提到的患者的情况，实际上对他来说，躲进被窝并不能从源头上解决他的问题。然而大脑却无视了这一点，自顾自地向他发出了赶紧逃跑的信号。正是因为大脑尚未完全适应现代社会，于是只能选择逃避。它至今仍认为，压力就等于危险，这符合绝大部分人类的历史经验。

“这应该只是一种推测吧”，也许有人会这样认为，这样的质疑是有道理的。要想从进化的角度解释我们的情感和行为，的确得有理有据才行。不过，抑郁症可能是我们身处危险世界时大脑提供的一种保护策略，这种说法并不是毫无依据的。我们常常会在意想不到的地方找到证明，比如人类的免疫系统。

❂ 抑郁症——一种预防感染的方法?

尽管基因会影响患抑郁症的风险，但实际上并不存在单一的“抑郁症基因”。这一切都是上百个基因共同作用的结果，并且它们在其中并不会起到决定性作用，而只是让我们变得脆弱，更加容易陷入抑郁症的深渊。学者们研究了究竟哪些基因会对“感到抑郁”这件事造成影响，最终却惊讶地发现，可能引发抑郁风险的那些基因，同时也参与着激活免疫系统的工作。这令人意外的关联使得我们不得不开始思考，莫非抑郁症是大脑为了保护我们，让我们远离疾病传染的一种防御策略？

从目前的状况来看，这一推测似乎毫无道理可言。如果感染了细菌性疾病，使用抗生素即可治愈。人们于 1928 年发现了青霉素，而在 20 世纪初的美国，每 3 名儿童中就有 1 名在 5 岁前死亡。那时造成人们死亡的主要是肺炎流感、结核病、疟疾等，这些都是传染性疾病。再往前回溯，因为传染病而去世的人类祖先更是不计其数。在狩猎中受伤，失血过多、伤口感染等都可能带来死亡。

焦虑是人类的专利

在面对压力和威胁时，猫、狗、老鼠等动物的HPA轴都会起到决定性的作用，但其运作却与人类不同。老鼠不会因为担心明年夏天自已家附近猫的数量变多而激活HPA轴，大白鲨也不可能因为忧虑全球变暖导致今后10年间海狗数量锐减而分泌出皮质醇。只有人类，会因为担忧“这次要是考砸了怎么办”“万一这次报告做得不好怎么办”“要是妻子离我而去了该如何是好”等尚未发生的事情而激活HPA轴。

预测未来，这也许是人类特有的一种能力，我们不可避免地会去设想到一些悲观的事情——“说不定会被解雇”“搞不好会被抛弃”“很有可能还不完房子贷款”。在这些想法之下，HPA轴就会开始运转。这就是说，我们为自己的“智能”付出了代价。事实上，大脑往往难以分辨真正的危险和想象中的危险。

焦虑会导致压力应对系统提前活跃起来，因此身体难免会做出一些“先发制人”的举动。当我们在沙发上躺久了，准备站起来前，血压必须有所升高，否则就可能感到眩晕。同理，焦虑也是身体事先对压力应对系统的一种刺激。

这样看来，如果人时常感到焦虑，压力应对系统就会始终处于被激活的状态。准确来说，应该是时刻处于等待被激活的状态之中，一旦出现状况就立即开始运转。这就可能导致我们的身体总是渴望动起来，企图摆脱现状，并带来以下一些后果。

心绪不宁

你时常毫无理由地感到需要新鲜刺激，但并非出于好奇心或因为无聊。无论身处何时何地，总是无法静止下来。可能表现为会议途中自顾自地离开，饭吃到一半就急急忙忙地起身，刚通话两分钟就想挂断等。

坐立不安

尽管不存在危险，身体肌肉却始终处于准备逃跑或战斗的状态。因此总想动来动去，无法安坐，摸东摸西，玩头发，不停跺脚等，也可能感到后颈、肩膀肌肉僵痛，夜晚肌肉紧绷，睡觉时不断磨牙。

疲劳感

长期处于警觉状态会让身体消耗不少能量。因此，每当从学校或公司回到家里，就觉得筋疲力尽，浑身乏力。

胃肠功能障碍

一旦面临需要战斗或逃避的状况，我们就无暇顾及“吃饭”这件事了。自己都快被当作午餐吃掉了，哪里还有心思吃东西呢。

不舒服

大家是否有过一吃完饭就快速奔跑的经历？此时肚子被食物塞得满满的，很难痛快地奔跑起来。之所以会因为焦虑和压力感到不舒服，就是因为此时身体在为战斗或逃跑做准备，所以需要把腹中原本存在的食物不断挤下去。这就解释了为什么很多演员或艺术家在演出开始前，会因为过度焦虑和紧张而呕吐。

口干舌燥

当身体开始准备战斗了，血液就会涌向肌肉，为其提供更多的氧气和营养成分，使肌肉功能得以最大限度地发挥。但同时也带走了血液中的水分，导致口腔内三大唾液腺的血液供给减少，唾液分泌不足，因此出现口干舌燥的症状。

冒冷汗

在准备战斗或逃跑时，人的体温会飙升，为了降温，身体就会流冷汗。而处于焦虑状态时，身体也会提前冒出冷汗，给“时刻准备着”的自己降降温。

所以很自然地，为了防止感染，身体建立起了一系列的进化机制。其一是免疫系统，其二是在吃到变质食物时感受到的强烈恶心感——这就是所谓的行为免疫系统（behavioral immune system）。此外，更进一步的机制是规避感染和受伤的风险。这些可能就是抑郁症与感染之间的联系了。这些基因似乎同时履行着两种职责。即，激活免疫系统和规避感染与受伤的风险。而后者可能通过让我们感到抑郁的方式来体现。

不过，这一机制并不仅仅是在受到伤害时才会被激活，在嗅到危险气息时也可能活跃起来。此时它会命令免疫系统做好准备，与细菌和病毒进行战斗。什么时候才有受伤的风险？置身于一个充满威胁的世界里时！是什么表明我们周围有很多威胁？嗯，正是巨大的压力！

✪ 感到抑郁不是我的错

正如前文中提到的案例那样，一些患者可能在饱受压力折磨之后，在休假途中感受到抑郁。这其实也算是大脑提供的一种保护，让他能够避开危险、感染和死亡。当他躺在房间里，感到万分绝望的时候，大脑可能正在试图解决祖先们曾面临的一连串与进化相关的问题。事实上，对于抑郁症患者来说，“抑郁症可能是为了提供帮助才找上我的”，这句话本身或许就会带来一定的安慰。

作为精神科医生，我十分理解患者的情绪给身体带来的影响。焦虑会将我们从危机中拯救出来，抑郁则会帮助我们避开感染和斗争。如果能够理解这一点，抑郁症患者可能就会转变想法，明白“抑郁症不是我的错，只是我的大脑选择的行动不太适合我现在生活的世界而已”。

❂ 身体发出的警告

我们必须清楚地认知到，长期的压力会带来抑郁问题，以及压力会令身体优先处理战斗或逃跑反应，而不是食欲、睡眠、情绪、性欲等事项，这必然会对我们的身体健康造成影响。此外，长期承受重压的人，大多都面临着睡眠障碍、腹痛、容易感染、磨牙、短时记忆受损、焦躁等问题，这些都是身体发出的警告。然而，我们为什么会无视这些信号呢？

在我看来，许多人甚至从来没有意识到这些，不知道这些身体症状其实都是压力带来的。这实在令人感到遗憾。如果能够悬崖勒马，就有很大机会避免抑郁。因为对于抑郁症来说，相比治疗，预防才是更为容易的。因此可以说，这些症状其实都是很好的预警信号。压力的化身是什么样子的，会以何种形式出现在我们的生活中？如果能够搞清这些问题，我们也许就可以降低患上抑郁症的概率。

❂ “只有强者才会生存下来”，这句话并不总是正确的

在可能导致我们患上抑郁症的那些基因中，有一个基因在大脑分泌 5- 羟色胺（serotonin）时起着关键性作用，它会让我们在面对压力时更加脆弱。我们将这一基因从实验鼠身上移除后，发现它们的确变得更抗压了。这就实在令人感到不解，最初究竟

为什么会存在这样的基因？它在进化过程中又为何没有被去除？

说不定这恰恰意味着，最初那些最坚强、最聪慧、最抗压的人并没能存活下来。对祖先们来说，躲避危险和斗争，战胜感染，保证自己不被饿死，这些是最为重要的。而正如前文所说，抑郁和焦虑反而是帮助我们生存下去的工具。

我们的情感担任着怎样的角色？焦虑和抑郁对于生存起着多大的作用？在从前人类生命处处受到威胁的时代，压力应对系统是如何为了保护我们而逐步发展起来的？希望大家对这些问题已经有了整体性的认知。在下一章中我们将一起来看一看，本章提及的这些问题，会给生活在现代社会的我们带来怎样的影响。

3. 手机——一种新型兴奋剂

我们是如何夺走人们的时间和精力的？我们只是利用了人类心理的弱点。

再放入了一点点的多巴胺。

——肖恩·帕克（Sean Parker），Facebook[①] 创始人、前总裁

手机不会真的从我们眼前消失，对此我深信不疑。因为一旦找不到手机，大家便也无法集中精力阅读这本书了。早晨醒来眼睛一睁，第一件事就是找手机。临睡之前也要将手机放在床头柜上最近的地方。我们每天触碰手机的次数高达 2600 次，醒着的时间里，每隔 10 分钟就会拿起手机看一看。不仅如此，每 3 个人中就有 1 个人（在 18 岁至 24 岁人群占 50%）会在半夜醒来时也看一眼手机。

① 该公司于 2021 年底正式改名为“Meta”，为便于读者阅读，后文仍采用其原名。——编者注

我想，如果失去手机，我们的世界也会随之坍塌。有 40% 的人表示，自己可以一整天对着手机，即使不说一句话也无所谓。这似乎不是玩笑。在城市里，咖啡店、餐厅、公车内、晚餐桌上，甚至健身房里，无论身处何地，我们的视线都无法离开手机。这完全是上瘾的状态。为何人们会被手机和显示屏牢牢抓住？想要理解这一点，就需要重新审视一下我们的大脑。

❂ 身体的能量——多巴胺

如果想针对大脑的神经递质写本书，我想多巴胺应该是不错的主题。它会帮助我们理解手机带来的诱惑为何那么大。有时人们会说，多巴胺是一种奖赏性物质，但这其实不完全准确。因为多巴胺最重要的功能并不是让心情感到愉快，而是让我们选择究竟将精力放置在何处。多巴胺就是我们的能量。

饥肠辘辘时，如果有人将美食摆满餐桌，此时光是用眼睛看着，多巴胺的数值就会飙升，并不需要等到吃下食物之后才开始分泌。是多巴胺让我们产生了食欲，告诉我们"把注意力集中在这里"。除了带给我们满足感以外，多巴胺还会赋予我们做事的动力，那么后者又从何而来？这与人体分泌的"吗啡"内啡肽（endorphin）有关。多巴胺会让我们对眼前的美食产生欲望，而内啡肽，则是那个让我们感到"这个食物很好吃"的物质。

多巴胺在大脑的奖赏系统中起着至关重要的作用。它与压力应对机制一样，经历了上百万年的进化。因此对它而言，今天的世界是十分陌生的。奖赏系统会让我们采取各种各样的行动，从而存活下来，将基因遗传给子孙后代。这就解释了为什么食物、关系（对人类这种群居动物来说很重要）、性生活等会促进多巴胺的分泌。手机也是如此。所以我们每次一收到信息就会抑制不住想要马上点击查看。事实上，手机已经直接入侵了大脑奖赏系统的许多基本机制，让我们来一起了解一下。

✪ 我们热爱新鲜事物

从进化的角度来说，人们渴望知识这件事不足为奇。因为对于世界了解得越多，存活下来的可能性也就更大。比如天气变化对狮子行动轨迹的影响，在何种状况下羚羊会完全放松警惕——了解这些，人们就更可能成功地捕获猎物，同时避免自己成为野兽的盘中餐。

“了解得越多，生存概率越大”，大自然赋予了我们不断探取新情报的本能。是什么刺激着我们的本能？相信大家也都猜到了，正是多巴胺。面对新鲜事物时，大脑就会分泌多巴胺，帮助我们更好更专注地学习。

大脑不仅需要接收新的信息，也总是渴望崭新的环境和事物。大脑里有很多生成多巴胺的细胞，这些细胞只会对新鲜事物做出反应。在诸如小区街景之类的熟悉事物面前，它们就会表现得“沉默”。而当见到陌生人的脸，或是一些让人情绪激动的东西时，它们就可能会被激活。

这些渴求新环境、新信息的多巴胺细胞的存在，意味着大脑对新鲜事物充满了很高的评价。从出生起，我们就对新鲜陌生的东西抱有强烈的渴望，这就使得我们总是希望去陌生的地方旅行，去结交新的朋友，尝试一些从未做过的事。说不定这样的渴望也在从前那个食物和资源匮乏的时代，赋予了我们的祖先探索新机会的动机。

想象一下，假设在1万年前，有两位女性立志彻底解决饥饿的问题。其中一人认为应该扩展新的领地，找寻新的环境；另一人则内心没有这样的渴望。我想，第一位女性获得粮食的机会将远远高于第二位女性。越是四处奔波寻找，生存的机会也就越大。

说回我们生活的现代社会。由于大脑没有发生太大的变化，因此对新鲜事物的渴望仍然留存在我们身上。当然，今天的我们不再需要为了寻找粮食四处迁徙了，于是这样的渴望通过别的形式表现了出来，例如使用电脑或手机。每当点开新的页面，大脑就会分泌多巴胺，于是我们会不断点开新的页面，根本停不下来。似乎相比刚才已经看过的页面，“下一页”永远是最好的。我们在每个网页停留的时间可能不足4秒，而能够占用我们10分钟以上时间的网页仅占4%。

无论是新闻、邮件还是SNS，都能让我们快速接触到新的信息。此时大脑的奖赏系统就会被激活，这与祖先们置身新的地域或环境中时一致。事实上，大脑寻求奖励的行为（reward-seeking）和搜寻信息的行为十分接近，时常让人感到难以区分。

✪ 大脑喜欢那些难以预测的事物

金钱、食物、性、他人的认可、新体验等，能够不断刺激大脑的奖赏系统。然而相比这些事物本身，对于它们的“期待感”才是最有效的催化剂，“期待”最能使我们大脑的奖赏系统活跃起来。在20世纪30年代的一项实验中，只要老鼠撬动一下杠杆，食物就有可能出现。结果发现，每当有食物送上时，老鼠就会更加频繁地撬动杠杆。而当食物出现的频率为30%至70%的时候，老鼠们表现得最为急迫。

又过了几十年，研究人员进行了新的实验。他们给猴子播放音乐，每当音乐响起，就拿出果汁给猴子们喝。结果显示，只是听到音乐声，猴子们的大脑就会开始大量分泌多巴胺，甚至比真正喝到果汁时的数值还要高。这就向我们传达了一些有效的信息——多巴胺本身并非带来的“满足”的奖赏，而只是提供一种指示，让我们知道应该将注意力集中在何处。研究发现，相比播放音乐后每次都拿出果汁，偶尔给一次的话，猴子们的多巴胺分泌量更大。而在每播放两次音乐就提供一次果汁的节奏下，多巴胺的分泌会达到顶峰。

不管是老鼠、猴子还是人类，我们都可以从中观察到类似的现象。例如，让参加实验的人抽取卡片。根据抽到的卡片不同，有可能会拿到钱，也可能一分没有。结果，相比每次都能拿到钱的情况，人们在不确定到底能不能拿到钱时，多巴胺的分泌更为旺盛。并且，在每抽取两次卡片能够拿到一次钱的频率下，其分泌量最大，与老鼠和猴子的情况一致。这就意味着，其实对于大脑来说，在“不确定性中不断向前迈进”这条“道路”本身可能就是一种目标。

但这就有些奇怪了。相比难以预测的状况，难道我们不应该更喜欢稳定、可预测的事物吗？的确，对于大脑在充满变数的结果面前会大量分泌多巴胺来作为“奖赏”这一点，目前尚未找到100%可靠的依据。不过，多巴胺最重要的任务就是“赋予动机”，这一依据也许是充满说服力的。

❂ 因为难以预料，所以渴望手机！

想象一下我们的祖先站在果树下的场景。这些果树上稀稀落落挂着一些果实。由于在树下看不见，需要爬上去之后才能确定到底有没有果子。爬了一棵树之后发现没有，那么此时，祖先们就必须继续确认其他的树木才行。只有那些不气馁的人，才能最终得到热量的“奖赏”，并且因此生存下来。

大自然总是变幻莫测。就像那些“可能挂着果子”的树木一样，我们很难事先知道最终能否得到奖赏。状况捉摸不定时，大脑就会疯狂分泌多巴胺，面对新鲜事物时也同样如此。这会刺激人类不断进行探索，也让我们的祖先在那个食物匮乏、资源有限的时代，得到了基本的生存保障。

不过站在今天来看，这可能会带来不少问题——例如对于老虎机和赌场等的迷恋。也许对一些人来说，这都只是一种娱乐活动，但也有不少人深陷其中难以自拔。大脑在面对不确定的事物时，是如何给予“奖赏”的？理解这一点，就会明白赌博及其带来的奖赏具有多么巨大的诱惑力。赌徒们的心里永远在呐喊：“再来一把！这次搞不好我能赢！”

不仅赌场和一些娱乐业狡猾地利用了大脑的这一机制，事实上，当收到短信或邮件，提示音响起，我们控制不住地想要拿起手机进行确认时，我们也正是中了这一机制的“圈套”。“说不定有什么重要的事情”，我们总是这样想着，而在听到提示音时分泌的多巴胺，也远远高于真正阅读短信或邮件的时刻。“说不定有什么重要的事情”，这个想法推动着我们不断拿起手机进行确认，于是便出现了每10分钟就得看一次手机，只要醒着就离不开手机的问题。

◎ 不断刺激着奖赏系统的SNS

除了赌场运营者、手机制造商之外，还有一些地方也巧妙地利用了人类对于不确定事物的执着心理。其中最典型的就是SNS。Facebook、Instagram、Snapchat等社交平台一直诱惑着我们——“有没有谁更新了动态”“我看看有多少人给我点赞留言了”。并且，SNS会蓄意将我们的奖赏系统激活到顶峰。别人给你的度假美照按下的“赞”不会立即显示出来，Instagram和Facebook会先保留他人的点赞，直到我们的奖赏系统运转达到顶峰时才放出来。通过将刺激切割成小份，它们将人们的期待值拉到最高点。

SNS的开发人员深谙这个道理。人们对于不可预测的结果有多么执着，需要多么频繁的奖赏，他们比谁都清楚。于是他们利用了这一点，让我们不断拿起手机。“哎呀说不定又有人给我点赞呢，我去看一下”，这个心理跟赌徒们“再来一把！这次搞不好我能赢！”的心理机制是完全一致的。

许多企业为了最大限度利用人们大脑的奖赏系统盈利，雇用了不少行为科学家和神经科学家来进行研究。从经济学的角度来看，这些企业的确已经成功入侵了我们的大脑。

哪类人群最容易手机上瘾

我们平均每天使用3小时手机。当然，这其中有的人用得少一些，有的人使用手机则更加频繁。那么，那些最依赖手机的人大都具备怎样的特征呢？研究人员针对700名大学生使用手机的习惯进行了调查，最终发现，其中有1/3的人严重依赖手机，晚上睡觉时也与手机“难舍难分”。于是他们总在白天感觉十分疲惫。在“超级消费者”中，尤其常见的是那些好胜心强，自尊感低，时常给予自己巨大压力的A型人格（type A personality）人群。相反，性格温和，不急躁、不紧绷的B型人格人群，则大部分与手机上瘾的问题无关。

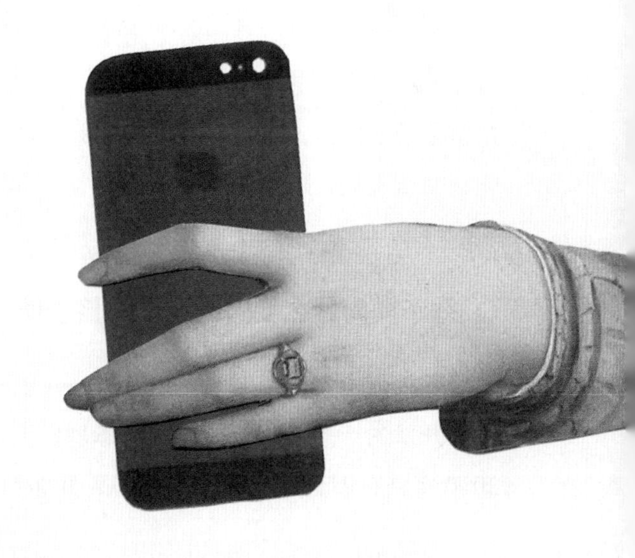

❂ 我究竟开发了个什么东西

不少技术开发领域的有名人士，由于深知现代技术具有多么惊人的诱惑力，因此总是建议人们在使用时要注意限度。贾斯汀·罗森斯坦（Justin Rosenstein），这位三十几岁的美国人，决心减少 Facebook 的使用，同时卸载了 Snapchat。他认为这些东西就像海洛因一样具有高度的成瘾性。此外，他还将父母控制孩子使用手机时用到的一些功能安装在了自己的手机上。

罗森斯坦本人就是给 Facebook 设置点赞功能的“罪魁祸首”，因此他的这些举动实在令人觉得非比寻常。作为创始人，如今他却觉得这个东西诱惑力太大了，还流露出一副“追悔莫及”的表情。他曾在一次采访中表示，“一开始出于好意设置了一些功能，最终却带来了很多意想不到的负面影响”。

在硅谷，还有不少人都产生了类似的想法。在 iPad 研发中担任了重要角色的托尼·法德尔（Tony Fadell）也曾表示，iPad 对孩子的诱惑力实在太大了。他说：“我从睡梦中醒来，流了一身冷汗。我问自己，我究竟开发了个什么东西？每当我把 iPad 从孩子手上抢走，他们就会像丢了魂一样，整个人变得非常情绪化，一整天什么事也做不了。”

❂ 乔布斯为什么要限制自己的孩子使用手机

苹果创始人史蒂夫·乔布斯（Steve Jobs），他为什么对自己研究开发的产品表现出了矛盾的态度？人们一直对此津津乐道。2010 年，在旧金山的某会展中心，乔布斯第一次向幸运的现场观众展示了 iPad。当时他高度赞美道:“iPad 会为我们接触网络世界带来意想不到的神奇机会。”

然而当时的他却没有告诉我们,孩子们极其容易对 iPad 上瘾,他正对此留心观察着。《纽约时报》(*New York Times*)在采访乔布斯时曾经问道:“你家的墙壁是否也变成了电子屏幕?邀请客人到家里吃饭,饭后甜点该不会就是 iPad 吧?”乔布斯回答说,完全不是的。同时还谈到了父母应该严格限制孩子使用电子产品的问题。记者们对此感到十分惊讶,为此在报道中将乔布斯称为“低科技家长”(low-tech parent)。

科学技术究竟会带来怎样的影响,我想世界上没有几个人能判断得像乔布斯一样准确。在过去的 10 年间,乔布斯用一系列先进的产品改变了世界沟通交流的方式,也对人们在电影、音乐、新闻报道等方面的消费模式造成了深刻影响。可他本人却严格限制子女对电子产品的使用,这应该比任何研究结果和科学探讨都更具说服力。

在瑞典,两三岁的小孩中,每三名中就有一名每天使用平板电脑,而他们目前甚至还处于说不清话的年龄阶段。乔布斯的子女却受到了父亲的坚决约束,这大概就是因为相比其他人,乔布斯早早洞悉了电子产品可能带来的负面影响。

在世界知名的技术领域大佬中,乔布斯的案例并不特殊。比尔·盖茨(Bill Gates)也曾说过,自己禁止孩子在满 14 岁以前使用手机。今天,瑞典 98% 的 11 岁儿童都拥有自己的手机,像比尔·盖茨的孩子那样的却属于剩下的那 2%。我想这绝对不是因为比尔·盖茨没钱给孩子买手机吧?

✪ 泛滥成灾的广告

正埋头工作，突然听到短信提示音，这个时候你就会产生强烈的冲动，想要拿起手机，因为“说不定有重要的事情”。接下来你会想，既然已经拿起手机了，不如顺便看看有多少个新增的“赞”吧，于是打开了 Facebook 浏览起来。突然你看到新闻说，最近你家附近发生了抢劫事件，点进去正读了两句，休闲鞋广告就弹了出来，于是你瞄了一眼。这时又收到新的通知，说一位好友给你留了言，于是你赶紧前去查看。等到抬起头来，你才想起工作已经被自己抛到九霄云外了。

大脑仍处于过去 1 万年间进化而来的运作模式，面对不确定的结果，即在收到短信时，会分泌多巴胺进行奖赏，于是我们就被“想摸手机”的冲动牢牢抓住了。大脑迷恋新的事物，尤其是那些令人感到兴奋，甚至带有危险因素的东西。“抢劫事件”的吸引力就体现在这里。而好友留言的通知则会带来一种参与了社会互动的感觉，让我们将注意力集中在“有多少人给我点赞了”这件事情上。

这一连串机制，都是大脑的生存策略，它们确保你接连被一颗颗电子糖衣炮弹击中。大脑完全不会介意被这些事情干扰了工作。因为它进化的目的从来不是“辅助工作”，而是帮助我们的祖先生存下来。

手机究竟是如何“侵占”我们的身体的？为什么戒掉手机的诱惑如此困难？读到这里，我想大家对这些问题都应该已经有所了解了。接下来我们要讨论的问题便是，充满诱惑力的手机，究竟给人们带来了怎样的影响？

4. 注意力——时间的稀缺性

人类是无法同时处理多个任务的，如果有人说自己可以，那他就是在自欺欺人！

——厄尔·米勒（Earl Miller），
麻省理工学院（MIT）神经科学系教授

你是否发现，最近几年间，自己越发频繁地想在同一时间处理好几件事情了？我本人也是如此。就连专心看电影都开始让我觉得困难了。我时常一边瞄着屏幕追赶着故事内容，一边却在查看邮件信息，或是不断打开手机东逛西逛。

数码生活方式，似乎就意味着“同时做几件事”，也就是所谓的多任务处理（multitasking）。斯坦福大学的研究者们布置了一些思考过程截然不同的课题，试图观察被实验对象能否同时处理多个任务。在300名参与者中，有一半的人表示自己可以一边做作业一边在“网上冲浪”，剩下一半的人则称自己一次只能做一件事情。在对他们分别进行观察后研究人员发现，同时处理多个任务的一组实验对象注意力明显更为低下，尤其是在过滤非重要信息的任务中表现不佳，精力十分涣散。

在“背诵一长串单词的拼写”这一任务中，同时做几件事的一组人员也表现出了相对差劲的记忆力。尽管研究者们也曾推测说，这类人群也许能够更加迅速地在各项任务间转换，但最终结果却显示，那些夸耀自己“一次可以做很多事情”的人并非他们想象中的那样厉害。

❂ 多任务处理的代价

事实上，大脑具备同时“运行多个程序”的惊人能力。但有一个部分却受到了我们心智带宽（mental bandwidth）的严格限制，那就是注意力。我们只能在一件事情上集中精力。我们尽管相信自己可以同时处理多项任务，但实际上很多时候都只是在各个事情之间来回穿梭而已。很多人都认为自己可以一边写邮件一边听课，表面上看起来可以在十几秒内切换任务对象，但其实此时大脑仍然停留在之前的活动之中。已经开始写邮件了，心智带宽的一部分却还停留在课程上面。反过来也一样。

大脑在面临任务转换时需要时间。试图从一件事情切换到另一件事情时，注意力无法随叫随到，还会在前一件事情上徘徊，这就是所谓的“注意力残留现象”（attention residue）。就算只看了几秒钟的邮件，最终要付出的时间代价也远远不止如此。这样的转换期到底有多长，我们很难给出确切的答案。不过有研究称，在更换了任务对象之后，注意力重新聚集起来可能要花上好几分钟时间。

当然，也不是所有人都无法进行多任务处理。事实上还是存在一些能够同时做好几件事情的“超人”（super multitasker）的。只是，只有大概 1% 的人具备这样的特征，大多数人的大脑是无法这样运作的。

✪ 多任务处理时，为什么会分泌多巴胺

试图同时处理多项任务，但最终却只是在各项工作间游走，此时大脑并没有高效地运转起来。就像在做抛球杂技一样，最终往往是一个球也接不住。考虑到这一点，大脑本应该阻止我们进行多任务处理。然而恰恰相反，在处理多项任务时，大脑反而会分泌出让心情变好的多巴胺作为奖赏。大脑究竟为什么要降低自身的效率呢？

人在东张西望、注意力分散的时候，时常感到心情愉悦。这是因为，我们的祖先为了快速应对那些可能隐藏在身边的危险，需要时刻留心观察周围环境。稍微走神都有可能令人丧命，因此需要保持高度的警觉。回想一下火灾报警原则吧！在从前有一半人都活不到 10 岁，发散的注意力和快速应对各种情况的能力，是决定人们生死的关键因素。大脑的进化也与此相匹配，因而会在我们处理多项任务、注意力涣散时分泌出多巴胺给予奖赏。这听起来可能是一件好事，实际上却是需要付出一些代价的。

✪ 工作记忆是有限的

多任务处理不仅会导致注意力下降，还会弱化大脑中用来储存工作相关记忆的“精神工作台”，即工作记忆（working memory）。可以想象我们面对着备忘录上的电话号码，记下数字，准备打电话时的场景，此时这些数字就会留存在我们的工作记忆中。人的注意力和工作记忆都是十分有限的，一次最多能记住 6 或 7 个数字。实际上，我自己甚至连记住 6 或 7 个数字都做不到，每次拨打电话和发送信息的时候都需要反复确认，我时常因此感到烦躁。

有这样一个实验。用电脑显示器给 150 位十几岁的孩子展示了一连串的句子，随后再让他们重新将句子补充完整。实验中有一部分人是十分熟悉多任务处理的。最终发现，有几个人正确写下了句子，另一些人却写得乱七八糟。这个任务看起来非常简单，但由于句子出现的时间只有 2 秒，要求人们必须迅速将其记住；同时屏幕上还有其他让人分心的信息，必须尽力忽略掉，因此想要正确完成任务，实际上需要具备非常好的工作记忆。

最终结果如何呢？实验发现，熟悉多任务处理的人正确率反而更低，相比其他人，他们的工作记忆也更差。尤其是当句子旁边出现了一些需要过滤掉的信息时，他们就会受到很大的干扰。此外，熟悉多任务处理的人，在实验中大脑额叶也更为活跃。额叶是负责维持注意力的部位。为何额叶会如此积极？力气大的人靠一只手就可以举起来的东西，力气小的人却需要双手托举。同样的道理，正因为熟悉多任务处理的人注意力更加涣散，额叶才会积极行动起来，以便保持专注。然而尽管额叶已经拼尽了全力，这部分人最终的实验结果仍然不甚理想。

主导研究的学者们因此表示，在进行多任务处理时，人们会在整理、过滤那些不重要的信息上受阻。“如果注意力持续处于涣散的状态，大脑就无法良好地发挥作用”。

✪ 即使处于静音状态，手机也在干扰我们

当试图同时做几件事情时，注意力和工作记忆都会受到负面影响。此时不少人可能会觉得，关上电脑，把手机调成静音模式放在衣服口袋里自己就会少受一些干扰。但事实并非如此简单。正如此前提到的那样，手机在剥夺我们的注意力方面有着强大的能力，我们很难摆脱它。

曾有实验针对 500 名大学生的记忆力和注意力进行了测试，最终发现，相比将手机调至静音放在衣服口袋里的一组学生，索性将手机搁置在实验室外面的一组学生所获得的实验结果更好。很显然，尽管人们可能意识不到，但只要将手机放在身边，只要想到自己身上带着手机，我们的注意力就会被分散。在许多不同的实验中都观察到了类似的现象。例如在一个通过电脑测试注意力的实验中研究人员也发现，将手机放在另一个房间的受试者，相比将手机调成静音揣在口袋里的被测试者注意力更加集中。这一研究报告的题目为“智力流失：光是意识到手机的存在，就能让你的有效认知能力下降”（“Brain drain: The mere presence of one’s own smartphone reduces available cognitive capacity”），从题目我们就可以看出实验所得到的结论了。

日本的研究者们也曾发现类似的实验结果。他们要求受试

者看着电脑显示屏尽快找出其中隐藏的文字。其中一半的人将不属于自己的手机放在电脑旁边，另一半的人则在桌子上放置一个笔记本。最终发现，桌上放着笔记本的一组受试者更快更好地完成了任务。由此可见，手机只要“存在”，就会剥夺我们的注意力。

✪ 大脑绝对不会站在我们这边

即使将手机放进衣服口袋里，大脑还是会不自觉地受到手机等电子产品的吸引，要想忽略其存在，就需要使用心智带宽，最终结果便是注意力无法得到正常发挥。仔细想想，这并非一件难以理解的事。多巴胺会提示大脑什么是重要的，告诉我们应该将注意力集中在哪里。而手机，每天可以以数百次的频率刺激多巴胺分泌，因此我们自然很难将注意力从手机上挪开。

想要忽略掉什么东西的话，就需要大脑付出一定努力，刻意地积极地行动起来。这也很好理解。例如我们可以想象一下在跟朋友喝咖啡时，将手机放置一边的画面。这时为了不受干扰，我们通常会把手机翻过来放在桌上。在跟朋友聊天的过程中，还需要不断抑制想碰手机的冲动，脑子里不断想着，“我不要看手机，我不要看手机”。面对每天刺激多巴胺分泌数百次的事物，大脑想要将其无视，的确需要费点力气和能量。这是理所当然的，因为大脑就是这样一路进化而来的，它就是会“寻找那些刺激多巴胺分泌的东西”。

大脑在奋力抵挡手机的诱惑时，履行其他职责的能力就会变差。如果是一些不太依靠注意力的事情则无关紧要，但在需要高度集中的状况下，问题就会暴露出来。我们做了一项类似的实验，要求受试者处理一些需要高度集中注意力的任务，然后给他们其中一部分人发送短信或打电话。当然，受试者不能对此做出回应。最终由实验结果发现，尽管受试者们并没有接听电话，但此时他们完成任务的错误率却比没有接到电话时高出3倍之多！

另外一项实验先要求受试者对着电脑阅读一段普通的word文本，然后再给他们一段某些单词上挂着超链接的文本，最终我们也得到了类似的实验结果。当我们向受试者问起文本的内容时，相比普通文本，他们更加难以记起有超链接的文本内容，尽管他们并没有去点击超链接。这是因为大脑一直在思考，“这个超链接我点还是不点”，在每次做决定时都需要耗费精力，这样的消耗会将注意力和工作记忆吞噬。正如抵挡桌子上手机的诱惑时一样，为了不点击超链接，大脑也同样需要消耗大量的心智带宽。

❂ 注意力逐渐消失的时代

也许你会认为，信息情报的泛滥反而可以锻炼注意力，在数码产品的影响下，尽管精力被分散了，但最终我们都会适应、克服这一切，我们的大脑和肌肉一样，会在规律的奔跑或运动中得到发展，变得更为结实。然而大脑却恰恰与此相反，受到的阻碍越多，注意力越是会变得散漫。

铺天盖地的情报、多种多样的数码产品等带来的妨碍只会让我们更加敏感脆弱。所以这几年间，越来越多的人感到，即使没有使用手机，自己的注意力也十分涣散。我也同样如此，觉得读书的时候远远不如从前专注。现在把手机调至静音模式已经远远不够了，必须要将其放置在另外一间房里才行。尽管如此，我还是很难像10年前一样，快速进入书中的世界。如果出现一些稍微费解的内容，心里就会涌现出想去触碰手机的强烈欲望。我再也无法像以前一样集中精力了。

相信不少人都有类似的体验。一旦注意力下降，那么即使面对的是并不那么容易让人分神的状况，我们也很难保持集中，总是东张西望的。在现今这个社会，注意力已然成了稀缺的能力。尽管如此，我也可以肯定地告诉大家，“我们能够集中精力的时间可能比金鱼的8秒至12秒更短”之类的言论，绝对是危言耸听。

◎ 好记性不如烂笔头

人们在一些特定的地方（比如教室）可能更加难以抵挡手机的诱惑。说起来，教室正是我们可以测试注意力、工作记忆和长时记忆最好的地方。实际上在手机或电脑面前，我们的学习能力是十分低下的。

在实验中，研究人员安排两组大学生去听了同一堂课。其中一组带着自己的电脑，另一组则没有。最后发现，带着电脑的一组学生在课上也不断搜索着与课程相关的信息，同时还确认了邮件，浏览了Facebook。实验结束后，相比没有携带电脑的一组学生，带着电脑的一组更加难以回想起课程内容。为了确认实验结果的准确性，研究者又重新安排了两组学生进行同样的测试，结果自然是相同的。没有携带电脑的那组学生学到了更多的内容。

那么，只要避免在上课时浏览 Facebook 之类的社交网站，问题就可以得到解决了吗？这的确会带来一些帮助。然而即使将这一因素排除，在我们接收信息情报时，电脑仍然会带来一些负面影响。美国研究者安排了一些学生去听 TED 演讲，让其中一部分学生用纸和笔进行记录和整理，另一部分则用电脑记笔记。结果显示，用纸笔记录的学生能够更好地理解演讲内容，尽管漏掉了一些细节，但他们对核心内容的把握更加到位。最终这一试验结果被汇成了报告《笔比键盘更好：相比电脑，手写笔记的好处》（“The pen is mightier than the keyboard – advantages of longhand over laptop note taking”）。

尽管尚且难以说出准确的理由，但研究者们推测，用键盘打字的人可能只停留在了“听写”的层面，而用笔记录的人速度较慢，因此需要考虑记录的优先顺序。这就是说，手写时我们必须对信息进行处理，所以能够更好地理解这些信息的内容。

有趣的是，即使我们只将手机放在一旁不去碰它，仍然会逐渐受到它的妨碍。在听演讲的前 10 分钟至 15 分钟内，携带手机的受试者和未携带手机的受试者对演讲内容的理解程度相近。随后，前者的理解程度便开始下降。只能集中精力聆听 15 分钟，这也许就是因为手机对于分散我们的注意力起着决定性的作用。

注意力和长时记忆形成的关系

我们在学习新事物，即形成新的记忆时，脑细胞之间的连接需要改变。为了形成短时记忆，大脑只需要强化不同细胞间既存的连接即可。而那些能够储存数月、数年，甚至一生的长时记忆的形成，则需要依靠更为复杂的过程，它要求脑细胞之间形成全新的连接。为了让记忆可以持久地储存下来，必须利用新的蛋白质来打造新的连接。

但仅仅依靠新的蛋白质是远远不够的。大脑还需要通过新的连接多次发送信号，来强化记忆的储存。为此大脑需要倾注大量的努力，这是一个消耗能量的过程。所谓的“巩固”（consolidation），即长时记忆形成的过程，可以说是大脑能量消耗最大的活动之一。它主要在睡眠过程中实现，因此我们总说睡眠是十分重要的。相关内容之后我们将进一步讨论。

再来看看长时记忆是如何得到巩固的。首先，当我们将注意力集中在某处时，就会向大脑发送信号——“这个很重要，得多倾注能量”。这样便形成了长时记忆。如果此时我们不能集中精力，那么长时记忆的转化就难以实现。大家都有过下班回到家发现想不起把钥匙放在哪儿了的经历吧。这就是因为放钥匙时注意力不集中。大脑没有收到相关信号，无法记住究竟把钥匙放在了哪里，因此不得不到处寻找。

在吵闹的地方学习备考也是同样的道理。由于注意力难以集中，大脑无法接收到“这个很重要”的信号，自然也就记不住读过看过的内容。简单说来，此时我们更可能想起那些已经储存在大脑中的记忆，要想令新的记忆占据一席之地，就必须集中注意力才行。

下一步则是将获取的信息储存到工作记忆中。只有这样做，大脑才可以通过“巩固”将长时记忆储存下来。当我们在Instagram、短信、Twitter、邮件、新闻快报、Facebook等之间来回穿梭时，大脑接收到的信息量过大，内容过于复杂，很难将它们都转换成记忆保存下来。在形成记忆的过程中也会遭到各种各样的妨碍。

当新的信息不断涌入时，大脑能够集中注意力的时间过于短暂，这当然不利于记忆的形成。同时，信息量爆炸也会导致大脑超过负荷。因为我们的工作记忆是有边界的。例如，在开着电视的状态下边玩手机边学习，大脑就会手忙脚乱地投入能量处理这些事务，它没有时间创造新的长时记忆，你也就没有学到你所读的东西。

我们有时会欺骗自己，认为只要避开各种电子产品，就能够有效地获取新的信息。事实上，我们很多时候只是在舔“西瓜皮”，甚至没有给予自己将信息转换为记忆的机会，而让我们继续前进的“引擎”是我们从中获得的快乐——毕竟它能引起多巴胺的释放。

有一个实验向我们证明了使用电子产品的恶习会对长时记忆的形成造成阻碍。研究人员让学生们按照自己的节奏阅读一本书中的一章，然后针对文章内容向他们提问，实验中有一部分学生需要跟研究人员互传短信。由于发短信占用了时间，这些学生阅读完这一章所花的时间自然也就更长。最终结果表明，学生们对于文章理解的程度不相上下，但传送短信的那部分学生却花费了更多的时间来消化内容。即使除去传送短信的时间，他们读书所花的时间也更长。

这是因为他们需要重新找回自己的注意力，努力回到传送短信前正在阅读的部分中去。大脑拥有“转换期”，所以对那些一边查看邮件或发送短信一边读书的人来说，要想理解文章内容，总是需要消耗更多的时间，哪怕是将看手机的时间去掉也同样如此。换句话说，在工作或学习中进行多任务处理的人，其实是在两头骗自己——不仅理解能力下降，还浪费了更多的时间。因此，与其不断分神去确认是否有新邮件和新短信，还不如专门拿出几分钟的时间来处理这些事情。

❂ 大脑热衷于走捷径

大脑是消耗能量最多的身体器官。成人大脑所使用的能量为20%，十几岁孩子的大脑则需要消耗大约30%的能量。而新生儿大脑所需的能量约占50%！生活在现代社会的我们当然可以尽情补充能量，但这对石器时代的祖先们来说并不容易。因此，大脑被“设定”成了与其他身体部位一样的模式，那就是尽量减少能量耗损，最大限度地高效处理事情。这就意味着大脑是喜欢“走捷径”的，尤其是在处理记忆时，因此储存记忆需要消耗能量。

在当今社会，这一点仍然会给我们带来影响。在一项实验中，研究人员让被实验对象听取了一些不同的句子，并让他们在听完每个句子后将其记录在电脑上，然后告诉其中一部分人，电脑会将这些句子储存下来，而告诉另一部分人，之后这些内容会被删除掉。在记录完所有的句子后，让他们试着说出自己记录的内容，相比另一组，被告知“电脑会将这些句子储存下来”的受试者能够记起的句子更少。

这就是因为，大脑认为反正电脑会把这些信息储存下来，自己无须浪费能量。这个结果并不令人感到意外。如果电脑可以代替大脑承担一些工作，大脑会觉得“求之不得”。相比储存下来的信息本身，回想它们储存的位置似乎更加轻松一些。如果研究人员要求受试者将每个句子放进一个word文档，分别保存在不同的地方，到了第二天，尽管他们能够记起的句子已经很少，但却能够准确回想起自己将文件保存在了哪里。

◎ 反正要拍照的，还有必要去记住吗

一想到信息会被储存在别的地方，大脑就更“懒”了。我们将这种现象称为Google效应，或是数字健忘症。相比信息本身，大脑更加倾向于记下信息被储存的地方。然而，Google效应带来的问题却远远不止于此。在一项实验中，研究人员让其中一组受试者拍下美术馆的作品，而让另一组受试者只用眼睛观看。第二天会给他们展示一系列照片，让他们选出自己在美术馆中看到过的作品。

实验结果显示，相比拍下照片的一组，没有拍下照片、只用眼睛观看的一组受试者对照片的记忆更深。这与刚才提到的用电脑储存句子文档一样，人们通常不会将拍过照片的东西存放在记忆中。大脑选择了更加“好走的那条路”，它想着，“反正要拍照的，还有必要去记住吗？”。

既然如此，我们只需要依靠手机，利用Google或维基百科等工具就可以了，为什么还一定要去背诵记忆一些东西呢？这是因为，如果只是处理电话号码之类的东西，那么问题自然不大。但并不是所有的知识都可以通过在Google上查找的方式获取。如果想要适应这个世界，好好生存下去，或是试图提出一些批判

性的问题，抑或是需要对某个信息进行评判时，我们就需要积累起很多知识。当信息从短时记忆转化为长时记忆时，所谓的“巩固”，并不是单纯将原始数据从大脑的内存（RAM）转移到硬盘里的一个过程。为了构建起知识体系，在“巩固”的过程中，需要将获取到的信息与个人的经验统合起来。

对人类来说，所谓的知识，并不单单是指背诵记忆某些内容。你所认识的最聪明的人并不一定是最擅长问答游戏的人。要真正深入地学习一些东西，需要沉思和专注。然而，在目前我们所处的数码时代，深入思考和高度集中似乎是很难实现的。人们更多的是在网上浮躁地快速浏览各种内容，根本没有给予自己好好消化这些信息的机会。

史蒂夫·乔布斯曾将电脑比作“大脑的自行车”，称它是为了帮助人们更快思考的一个工具。然而在我看来，将电脑称为“大脑的出租车司机”可能更为贴切，因为它几乎代替了我们的思考。这自然是十分便利的，但至少在学习新知识时，我认为我们不应该过于依赖其他事物，用它们替代思考和记忆的过程。

❂ 手机比朋友更有魅力

在和朋友一起吃饭或喝茶时，如果对方去碰手机，我就会感到有些烦躁。如果是我自己需要去看手机，我也同样感到不舒服。就算没有人告诉我不应该这样做，但我也有一些“自以为是”的理由。我认为，如果旁边放了一部手机，人们可能就会觉得对话内容乏善可陈，心里变得十分浮躁。手机就是这样魅力四射，可以让我们周围的一切都变得黯然失色。

一项研究曾让30位受试者与陌生人见面，并交谈10分钟，主要是听对方说自己想要什么。他们之间摆放着一张桌子，其中一组参与者将手机放在桌子上，另一组则将手机放在眼睛看不到的地方。最终发现，相比后者，前者普遍认为这次对话“没什么意思”，甚至不能信任与自己聊天的对象，也没有实现情感上的交流。值得注意的是，他们仅仅是将手机放在了自己面前而已，在整个对话过程中，甚至都没有去触碰手机！

这个结果并不让人感到吃惊。因为多巴胺就是这样一个会暗中操纵我们注意力的物质。每天数百次为我们提供多巴胺奖赏的东西就在眼前，大脑当然会不由自主地被吸引。“好想看手机啊”，在与这个冲动对抗的过程中，注意力自然就会被分散。抵挡诱惑，需要有意识地付出积极行动，在行动的过程中，慢慢就跟不上对话内容了。

“你如何评价与朋友的晚餐?”在这个实验中，我们也得到了类似的结果。受试者有300名，研究人员告诉其中一半人，晚餐中途你们会收到短信，需要带好手机，同时告诉另一半的人不能携带手机。最终发现，携带手机的那一半人对整个晚餐的评价普遍较低。尽管差异不算显著，但这个研究结果仍然值得我们思考。简单说来，一旦手机在餐桌上放着，人们就会开始觉得跟他人的相处有些无聊了。

那么，是不是只要把手机放在面前等短信，整个晚餐就都会受到影响呢？这一点倒不好说。不过，据参与实验的人所说，在晚餐过程中如果自己一直开着手机，大概有10%以上的时间会在看手机，而研究人员只是跟他们说了一句会收到短信而已。

多巴胺会告诉我们什么是重要的，应该将注意力集中在哪

在进行多任务处理时，记忆储存会出错

记忆分别被储存在大脑的各个部位。例如，与事实和经验相关的内容通常被储存在被称为“记忆储存所”的海马中。相反，与骑自行车、游泳、打高尔夫等技能相关的记忆则主要由名为纹状体（striatum）的部分负责管理。然而，当我们在同时处理例如看电视、读书等多个任务时，这个过程中获取的信息也大多去了纹状体。这就说明大脑将与“事实经验”相关的记忆输送到了错误的地方。如果此时重新恢复到“只做一件事”的状态，信息又会被传送到海马去。

假设我们都曾有过这样的经历：在纽约街头散步时，吃到了非常好吃的甜甜圈。这个记忆会一直留存下来，当我们再去纽约，或在别处吃起甜甜圈时，又或是穿着当时穿过的衣服、吃到其他巧克力味的食物时，我们都会再次体验到在纽约街头吃甜甜圈时的情绪感受。大脑具有非常出色的联想能力，可以通过蛛丝马迹将记忆拖拽出来。

然而，当我们在进行多任务处理时，这样的能力就会被削弱。因为此时信息不仅会被输送到海马，同时也会流向纹状体中。在记忆测试中，通常会用数字和单词来进行测试，但与事实经验相关的记忆却处在更加复杂的层面。与事实相关的记忆，会与个人的经验相结合，在不断被歪曲、反复被想起、被多角度思考的过程中，构建起知识体系。

记忆系统是极为复杂的。而在面对信息洪水时，大脑究竟会受到怎样的影响，目前尚无定论。然而可以确定的是，数字化时代对我们大脑造成的影响比想象中要深远许多。说一个简单的例子吧。如果在这个过程中我们丢失了一些东西，一些比我们能在记忆测试中背出多少数字更基本的东西呢？

里。这里所谓“重要的”，并不是指考到一个好成绩、升职加薪，或是让心情变得愉快的那些事情，而是指那些对我们的祖先来说，能够让他们存活下来，将基因遗传给子孙后代的一些行动。假设手机一天可以给我们“注射”300 次少量的多巴胺，这就意味着每次它都在要求我们“把注意集中在我身上”。

在上课或工作时，我们仍然不由自主地想去碰手机，你是否觉得很奇怪？拿起手机时，我们需要分割出去一定的心理带宽，这一事实你感到难以理解吗？面对着一起吃饭的朋友，却还是想去看手机，这让你觉得不可理喻吗？如果每隔 10 分钟就需要放下手机一次，远离新的信息和多巴胺奖赏，你就会感受到压力甚至陷入恐慌，对此你感到惊奇吗？事实上这一切都是很好理解的，对吧？

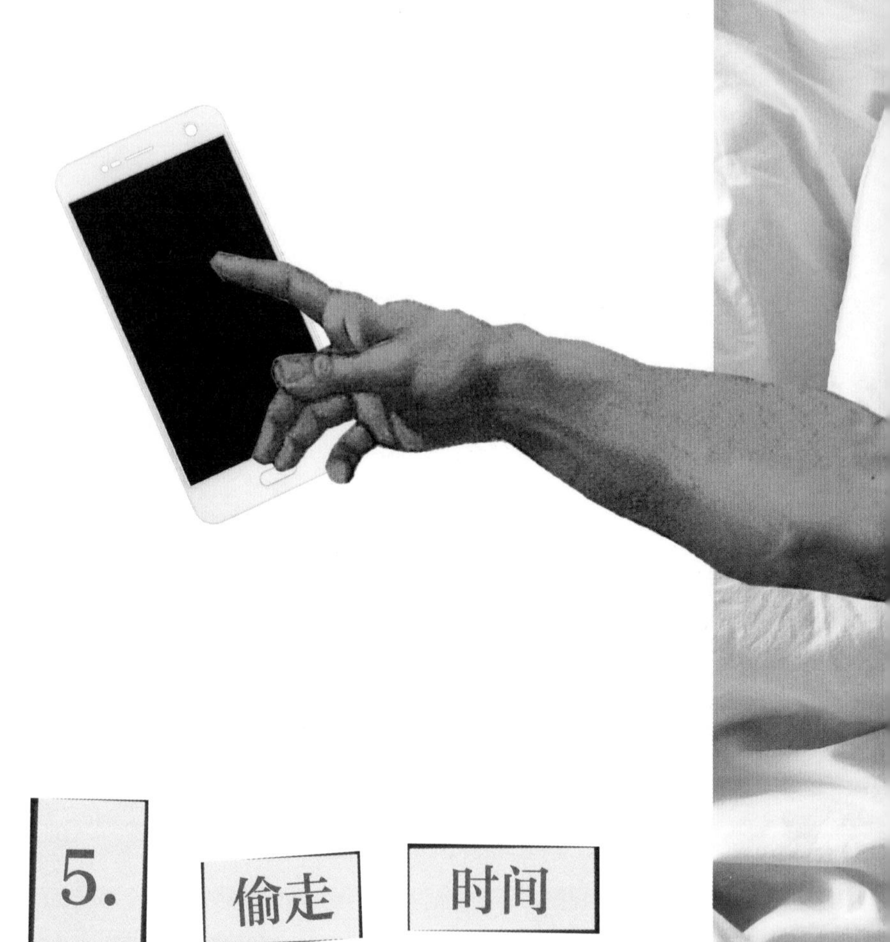

5. 偷走时间的最大嫌疑人

我们身处如此陌生的环境，精神状态却没有比现在更糟糕，这也真够让人吃惊的。

——理查德·道金斯（Richard Dawkins），
演化生物学家兼作家

无论是坐公交还是地铁，我都常看到一些人以为自己的手机丢了，他们显得十分焦虑不安，在包里、口袋里不断翻找着手机，像是面临着生命危险一般。在终于找到手机时，伴随着如潮水般涌来的安心感，他们也明显摆脱了恐慌状态。真要是把价值几千块的东西给弄丢了，我们的确会不由自主地感受到压力。然而翻找手机时的这种不安感，却似乎并不完全关乎金钱。

从前的一项实验结果表明，当受试者得知需要上交自己的手机时，仅仅 10 分钟内，他们的压力激素（皮质醇）的分泌便有所增加。这正是大脑表现出的战斗或逃跑反应。对于一直以来常常使用手机的人来说，这一变化尤为显著；而偶尔使用手机的人的皮质醇分泌变化则未如此明显。考察一下大脑发育的方式，你就会发现上述现象并不奇怪。

人类为了生存下去，需要将精力集中在能让自己分泌多巴胺的事物上。如果每 10 分钟便夺走一些能增加多巴胺的东西，人自然而然会感受到压力，大脑也难免会认为某个生存必需品消失了。HPA 轴得到激活，大脑大声呼喊道“快做点什么！我需要能给我多巴胺的东西！很着急！”，因此我们会感到强烈的不安，并不断努力满足自身需要。

手机不在身边时我们会感到焦虑，反过来，手机近在眼前时，人似乎也会感受到压力。某项手机使用习惯调查针对约 4000 名 20 岁至 29 岁的人进行了研究，在随后的一年时间内也一直保持着对他们的跟踪调查。最终实验结果显示，更频繁使用手机的人尤其容易遇到问题或感到压力，出现抑郁症状的情况更不少见。美国心理学会在对 3500 余名对象进行问卷调查后也得出了类似结论，这项调查结果被命名为“美国的压力”（Stress in America），它同样显示，经常看手机的人会受到更多压力。不少人认为时不时地放下手机是明智之举，每三人中就有两人同意这一说法，表示这种数字“排毒”（detox）给自己的情绪带来了积极影响。可真正实践过数字排毒的人尚不超过 30%。

通过对无数大规模研究结果进行综合分析，我们发现，压力与过度使用手机之间的确存在关联。尽管其带来的影响仅为轻微或中等程度，但如果当事人本身抗压能力较弱，手机对他造成的影响可能是难以忽视的。

那么，焦虑问题在这方面是否和压力类似呢？答案是肯定的。10 项研究中已有 9 项表明，手机的使用可能引发焦虑。这并不奇怪——尽管造成压力与焦虑的原因并不相同，但两者基本都涉及身体内的同一个系统，即 HPA 轴。压力来自威胁本身，焦虑则来自潜在的威胁。如果手机能给人带来压力，那么它自然也可能带来焦虑，事实就是如此。

某项实验要求受试者将自己的手机放在别处，接着测试他们担心与焦虑的程度。结果显示，与手机分离的时间越长，不安感就会变得越发强烈。每当重新进行一次实验，焦虑感都会以 30 分钟为间隔不断上升。其中最为焦虑的人会是谁呢？自然是一直以来使用手机最频繁的人了。

✪ 人类的睡眠时间正在减少

过度使用手机会带来压力与焦虑，其中受影响最大的正是我们的睡眠。作为精神科医生，我在治疗过程中发现自述自己睡眠质量下降的患者越来越多。此外，每两名患者中就有一名询问我自己是不是需要服用安眠药。一开始我以为来就诊的患者大多只是刚好处在人生的低谷期，实际上并非如此。因为失眠来寻求帮助的人数呈爆发式增长。据说在瑞典，如今每三人中就有一人出现了睡眠障碍。我们的睡眠时间正逐渐减少，每晚的平均睡眠时间为 7 个小时。这就意味着，在瑞典，每两人中就有一人的睡眠时间低于人体所需的 7 小时至 9 小时，而在其他国家也能观察到类似的规律。

事实上，在过去 100 年里，我们的睡眠时间的确减少了 1 小时。再往前追溯，在那个狩猎采集的时代，祖先们也比我们拥有更多的睡眠时间。现在仍有一些部落过着祖先们的原始生活，通过对他们的研究我们发现，部落族人在睡眠方面存在问题的比重仅为 1% 至 2%。而在我们这个工业化的世界里，有 30% 的人正承受着睡眠障碍带来的痛苦，也就是说，现代人的睡眠是严重不足的。

❂ 睡觉时我们的大脑仍在运作

人为何要睡觉？目前对此尚无定论。但睡眠时，身体和大脑内部发生的一系列过程相当重要。对于我们的祖先而言，每天 24 小时里有将近 1/3 的时间以无意识状态度过，是件相当危险的事。因为在这个状态下，他们可能成为野兽的盘中餐，也无法从事其他任何生存所需的活动。睡眠状态下既无法寻找食物，也无法繁衍后代。

那么，睡眠究竟能产生怎样的重要影响，竟会让自然赋予人类和动物们睡觉的需求呢？积蓄能量并非睡眠的目的。实际上从大脑的角度来看，睡眠期间它所消耗的能量与人在清醒状态下相差不了多少。睡眠的作用之一，是让大脑以分解蛋白质的形式清理白天积累的废物。一天下来累积的数量真的不少，大脑一年内清除的代谢物的重量可能与人的体重相当。每晚的清除习惯对于大脑的正常运作至关重要。长期性睡眠不足可能会提高患病风险，导致中风和痴呆等问题，一般我们认为这正是大脑的“清理系统”没有得到充分发挥所带来的结果。

睡眠不足还会使我们表现不佳。如果连续 10 天睡眠时间在 6 个小时以下，注意力就会下降，人会表现出仿佛 24 小时一直没能入睡的状态。同时睡眠不足还会让情绪变得不稳定。当给受试者展示各种表情的人脸照片并观察他们的大脑反应时，我们发现对于其中睡眠不足的人而言，压力应对系统的引擎杏仁核的反应更为强烈。

我们需要睡眠。最重要的原因或许是为了在晚上把短时记忆转换为长时记忆。前面也有过相关论述，我们将这一过程称为“巩固”，它主要在深度睡眠期间进行。在睡眠状态下，大脑会从白天发生的事件里挑选一些内容作为长时记忆储存下来，同时让失去的记忆被重新想起。所以如果睡眠不佳，这一过程就无法正常运作，最终我们的记忆也会变得一团糟。

对于记忆的储存而言，睡眠是极为重要的因素，难以用别的方式来替代。在一项研究中，学生们按要求观察并记忆一幅迷宫图。记忆完成后，其中一组被要求马上进行约 1 个小时的午睡（午休组），另外一组则需要保持清醒状态（清醒组）。5 小时后，研究人员考察了学生对从迷宫中寻找路径脱身的掌握程度。最终发现，比起清醒组，午休组对迷宫的记忆更加扎实，并且这是在清醒组有 5 小时的充足时间来记忆迷宫的情况下！从结果来看，如果想要熟练掌握某个东西，光靠练习是不够的，而是需要将练习和充分的睡眠结合在一起。然而现在学校里孩子们的睡眠时间却越来越少了，这是值得我们关注的事实。我将在第 139 页就婴儿与青少年睡眠质量不佳的问题进行一定的论述。

✪ 压力为什么会干扰睡眠

既然睡眠能够清理大脑垃圾、保护健康、维持情绪稳定，对

偷走我们时间的罪魁祸首——手机

在本书开头我曾经提到，长期的压力会增加罹患抑郁症的风险。刚才我们也已经读到，数字化的生活方式和手机会带来压力。除此之外，我们还可以加上另一个谜团。如今，有约100万名瑞典人在服用抗抑郁药物。最近10年里开具的相关药物处方也急剧增多。这就意味着，在这期间，会给人带来压力的手机已经在每个人的口袋里“站稳了脚跟”。

我们可以推测的是，手机的确造成了这些现象的恶化。那么，是否可以确定地说，我们可能因为手机患上抑郁症呢？沙特阿拉伯的研究人员对1000余人进行了跟踪研究，结果显示，手机依赖度和抑郁症之间确实存在密切关联，研究者对这一结果做出的评价是“令人担忧”。同样在中国，频繁使用手机的大学生更容易感到孤独、自信感被削弱，抑郁情绪也更严重。澳大利亚也通过研究结果表示，患上抑郁症的人大多有“极为频繁地使用手机”的经历。

还有不少其他国家的研究也表明了类似的结果。但通过以上内容，我想在某种程度上我们已经能够把握整体的状况了。手机可能会导致抑郁症风险升高，总的来说这是不言自明的事实。但反过来思考，也可能只是患有抑郁症的人会更加频繁地使用手机而已。这就是说，可能手机不是唯一的“凶手”，所以我们无法一口咬定，手机一定会带来抑郁症。

我认为，过度使用手机只是造成抑郁症风险升高的多种因素之一。严重缺乏的睡眠时间、史无前例的久坐生活方式、社会性疏离、误用及滥用酒精和药物，均有可能增加患抑郁症的风险。如果要说手机给我们带来的最大冲击，那便是大量剥夺了我们的时间，从而让我们变得难以保护自己免受抑郁症侵袭。例如用于运动、和他人交流，以及睡眠的时间，这些可以帮助人预防抑郁的时间，都被手机“偷走”了。

于记忆与学习也十分重要，那么为何我们不能一躺下就马上睡着呢？这似乎是因为，入睡后所有感官获取的信息也都会被屏蔽，而身体认为这是一种危险状态。从事狩猎采集的祖先们想要在热带草原上躺下入睡的话，就得事先找个安全的地方，以防被野兽袭击或成为它们的晚餐。

因此，人体会根据周边环境来进行判断，分阶段入睡。也正因如此，在承受着诸多压力的状态下，入睡就会变得困难。因为大脑的 HPA 轴在感到压力时，就会像遇到非常危急的状况一样被激活，大脑会因此做出“床并非安全之地”的判断，于是变得更加活跃，导致我们无法入睡。就像远古时期一样，此时的大脑会让我们保持清醒状态。

✪ 手机屏幕蓝光和睡眠时间的关系

人体所受的光照会影响昼夜节律，褪黑素（melatonin）这一激素会告知我们的身体何时应该睡觉，昼夜节律因此应运而生。褪黑素产生自松果体（pineal gland）这一大脑的内分泌器官，它的分泌水平在白天较低，傍晚时分开始上升，夜间达最高值。而当暴露在过度的光照中时，褪黑素分泌就会受其影响，令身体出现错觉，以为现在仍是白天。因此，如果卧室光照过强，我们便难以睡个好觉。相反，褪黑素在相对黑暗的环境中会分泌更多，提示身体现在已是傍晚或夜间。

褪黑素分泌不仅受光照量影响，还与光照类型相关，特别是蓝光，有着抑制褪黑素分泌的功能。我们的眼睛里有种特别的细胞，能对蓝光产生强烈反应。在祖先们生活的时代，蓝光只会出现在万里无云的天空里。当这种特别的细胞遇到蓝光时，就会向大脑发出指示，告诉它不用再继续分泌褪黑素——“现在是白天了，快起身，注意安全”。蓝光曾帮助我们的祖先在白天进行活动，对于现在的我们也是如此。

因此，如果在睡前使用手机或平板电脑，蓝光就会“督促”大脑一直保持清醒，抑制褪黑素分泌。而这样的影响会持续两三个小时，也就相当于将生物钟往回调了两三个小时。夸张一点来说，这就等于从瑞典坐飞机到格陵兰岛或非洲西部时，身体出现的时差反应（jet lag）！此外，手机本身也会带来压力，妨碍睡眠。就像前面曾提到过的那样，受各种 App、SNS，以及所有能够刺激多巴胺分泌的东西影响，大脑会一直保持清醒。

因此从理论上来看，如果在本该睡觉的时候玩手机，入睡就会变得更加困难。大家都知道，理论和实际并不总是一致的。所以有人会问，手机真的会妨碍我们的睡眠吗？没错，的确如此。一项 600 余人参与的跟踪研究结果显示，在手机等电子产品上消耗的时间越多，睡眠质量就会变得越差。这一点在一类人身上体现得尤为显著，即熬夜玩手机的人——他们总是难以入睡，睡眠质量不断下降，次日白天感到疲劳的概率也就不可避免地上升了。

只是将手机放在一旁，我们的注意力和记忆力就会受到影响。同理，哪怕已经放下手机，但只要它“待在”卧室里，睡眠也可能受到妨碍。一份以 2000 至 3000 名中学生为对象的调查显示，与其他学生相比，睡觉时将手机放在身边的学生，睡眠时间要短 21 分钟。虽然将电视装在卧室也会在一定程度上导致睡眠时间减少，但手机造成的影响更大。也许有人觉得 21 分钟听起来不算什么大事，我们可以再看看其他研究结果。一项研究邀请父母把握孩子的睡眠时间，结果显示，将手机放在卧室的孩子相比没有这样做的孩子，睡眠时间整整短了 1 个小时之久。

❂ 电子书 vs. 纸质书

卧室里常见的物品除手机外，还有电子书阅读器。一项研究让受试者在睡前读上两三页书。书的内容是一样的，只不过其中一半的人阅读的是纸质书，另一半则是阅读电子书。结果却发现，读电子书的人要比读纸质书的人晚入睡 10 分钟。要知道他们阅读的内容可是完全一样的！纸质书和电子书的区别如此之大吗？

首先，电子书也会影响褪黑素的分泌。不仅其分泌量可能因此显著下降，分泌时间也会被推迟至少 1 小时。我个人认为，电子书和手机是一样的，即二者都和新鲜的信息有着密切的关系，能够激活大脑的奖赏系统。光是把它们拿在手里，我们就能感觉“精神”。“就是个电子屏幕而已啊”，大脑遭到了欺骗，最终导致我们无法好好休息。

❂ 每个人的敏感程度并不相同

很多资料都已经证明，孩子和成人的睡眠质量低下均与手机有着密切关联。其实，对于压力和屏幕蓝光的敏感程度，每个人都不尽相同。有些人即便压力暴增，在入睡之前一直盯着屏幕，也能很快入睡。而还有一些人尽管并未受到太大压力，躺在床上

电子屏幕还会影响食欲?

对比较在意体重的人来说，最好记住，深夜玩手机是可能会促进食欲增长的。蓝光不仅会影响褪黑素这一睡眠激素，还会刺激压力激素皮质醇和胃饥饿素的分泌。胃饥饿素不但会增进食欲，还可能导致身体更多地储存脂肪。

也就是说，蓝光不仅能（通过影响褪黑素和皮质醇的分泌）唤醒身体，还能（通过皮质醇）让我们处于应对各种困难的“待机状态”中，更能（通过胃饥饿素）填满我们的能量仓库并储存脂肪，它在各方面的表现都十分“优秀”。晚上在使用过平板电脑或手机之后，我们就会变得想要吃些东西，而不是老老实实在床上瞪着天花板等待睡意降临。雪上加霜的是，人体对于夜宵中热量的吸收更为高效，吸收后就会以皮下脂肪的形态将其储存在腹部一带。

也还是可能瞪着眼睛辗转反侧难以入眠——哪怕已经放下手机 1 个小时了！如果睡眠存在问题，我们就需要尽量避免受到压力，同时尽可能减少在夜晚面对电子屏幕的时间。

一家全世界数一数二的知名医院深入研究了手机对褪黑素分泌机制的影响，并提出了以下建议：如果一定要将手机置放在卧室，也应该在睡前调低屏幕亮度，同时保证双眼与屏幕之间至少相隔 36 厘米，这样褪黑素的分泌就不会受到太大影响。

现在有越来越多的年轻人来寻求帮助，希望我这个精神科医生开安眠药给他们。一般情况下，我都不会直接开具这样的药物处方，而是会建议他们将手机放在卧室以外的地方，并坚持每周运动 3 次。活动身体能够帮助我们更快入睡，同时提高睡眠质量。至于安眠药，那应该是走投无路时才考虑的。

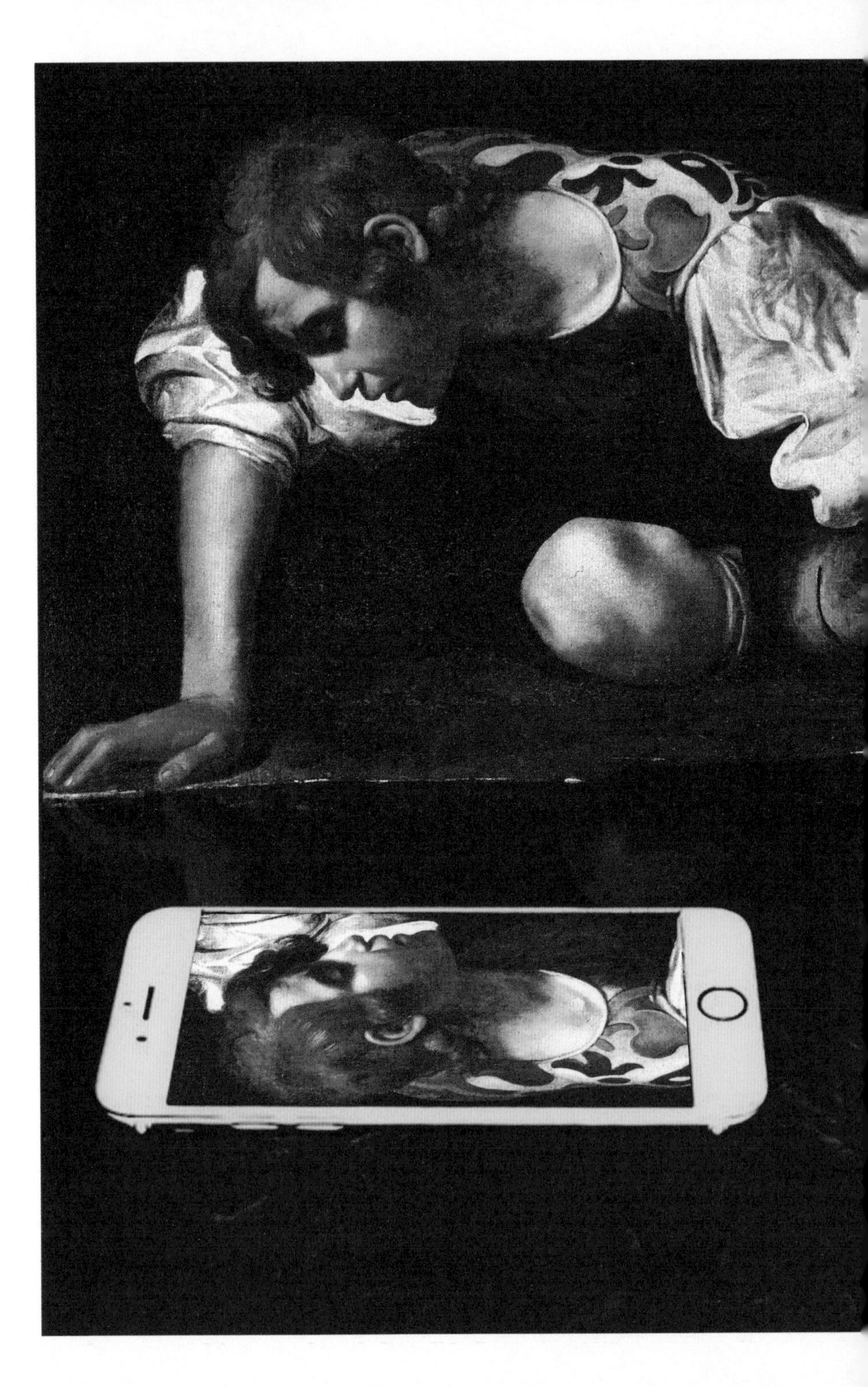

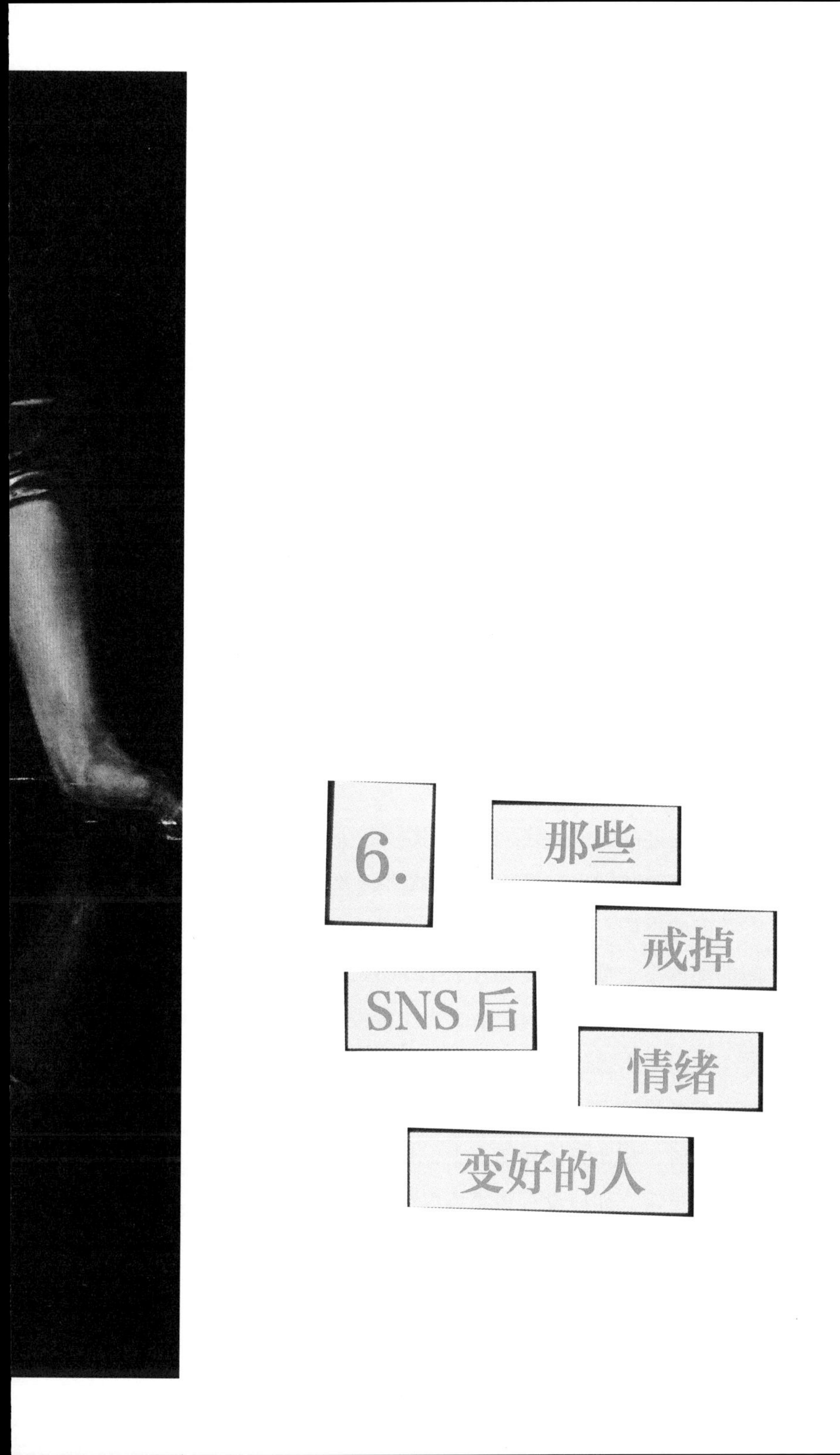

6. 那些戒掉 SNS 后情绪变好的人

攀比是偷走快乐的贼。

——西奥多·罗斯福（Theodore Roosevelt），美国总统

假如大家现在在某间公司工作，接下来的日程中，有一场某教育机构举办的大型会议，同事们也会一起参加。那么，会议休息时间大家会和同事们聊些什么话题呢？公司产品、竞争对手还是下季度的报告？这些当然都不会出现，聊来聊去一般都是彼此之间的那些事。我们的对话中，有 80% 至 90% 的内容都充斥着自己的事或与别人有关的闲话。人类都爱小道消息！大部分人应该都会觉得“小道消息”是个贬义词，但这有些武断了。小道消息也可能帮助我们生存下去。当人类和 50 至 150 个人一起组成集体生活时，相比集体外部人士，自然对这个集体内部的某些人物了解得更深。即使没有和集体内部的所有成员都构建起密切关系，也一定会“视察”一下集体中的其他成员。这时，所谓的小

道消息就能给我们提供帮助了。

✪ 我们都喜欢散布小道消息

掌握别人的动态、他们在各自的集体内部和成员的关系如何，对我们而言显然是有利的，所以人们都强烈渴望获得这些信息。进化使我们的大脑构建起了这样一种机制，能让我们通过含有丰富热量的食物或觉得自己过得很好的感受来给大脑提供奖赏。这种机制会促使我们充分摄取食物，避免饿死的悲剧。取得他人的信息并把它散播出去，也就是传小道消息的行为，其实也出于同样的原理。食物和小道消息就是这样帮助我们生存下去的。

小道消息不光能给我们带来他人的信息，还能遏制反社会行为或搭便车行为。毕竟谁都不希望自己成为他人口中“老是在结账的时候去洗手间的人”。从这个角度来看，散播小道消息的人似乎反倒是为集体平稳运转做出了贡献。

有趣的是，我们似乎尤为喜欢关注“负面新闻”。会议中途休息的间隙，听一个同事说上司因为喝得烂醉而出丑的事，大概远比听说上司做了一次相当精彩的报告要令人感兴趣。事实上，负面新闻能强化人与人之间的纽带。当两个人分享第三者的事情时，其中的负面新闻能使他们之间的关系得到巩固。比如，相比谈论上司做的报告有多精彩，分享上司的糗事就更能让同事们对彼此产生亲密感。

那么，大脑为何会喜欢负面新闻呢？或许是因为负面信息尤为重要，它会带来一些值得相信的内容，同时警告人们哪些对象是需要保持距离的。基于同样的理由，我们对于人际矛盾也显得特别感兴趣。如果你有一个“敌人”，或许可以尝试找找是否还有其他人不喜欢那个敌人，这也许能帮助你找到潜在的盟友。

在过去的世界里，大约有 10% 至 20% 的人类死于他人的武力。在当时，“谁对自己抱有仇恨心理”“跟谁搭伙比较有利”，这些信息都和“该去哪里获取食物”一样，对人类来说是十分重要的。正因为极其关注人际矛盾，才会有数百万名观众沉浸于在电视上观看选举辩论。如果政界人士在演讲时只一味提供客观信息，大部分观众可能就会换台了。

那么，正面新闻又如何呢？站在大脑的立场来看，正面新闻是毫无价值的吗？恰恰相反。正面新闻能够让我们更加深思熟虑，并激励我们探索自我提升的方式。了解到上司做的报告如何精彩之后，自己也会因此产生想要做好报告的动力。当然，这个信息的精彩程度肯定比不上上司的糗事！

从摇篮到坟墓，人一直是社会性的人

通过小道消息来互相观察了解之所以重要，并不只是因为我们可以借此保护自己。与其他大部分动物不同，人类基本上是社会性的存在。因此才能互相合作，并以此生存下去。许多研究结果都已经表明，当生活在社会集体中时，我们就可能更长寿更健康；而被极端孤立时，则容易患病或在预期寿命之前早早死去。这样的结果并不奇怪。

人类的社会性本能从出生之时就有所表现。例如，新生儿更加容易被一些能够让其联想到人脸的线条吸引注意力，而没那么关注随意乱画的无规则线条。幼儿和成人的大脑颞叶中都存在一种细胞，能够让我们将注意力集中到人脸的特定部分上。这些细胞之间会形成复杂的网络，并通过相互合作，使人们在一瞬间对对方的长相做出分析。如今，我们通过散布小道消息、分享故事来尝试获取信息的强大社会性本能，渐渐被转移到了手机和电脑上。这一本能似乎已经在有史以来最成功的企业“Facebook”上扎根了。

✪ Facebook 成功的根本原因

2004 年 2 月，年仅 20 岁的马克·扎克伯格（Mark Zuckerberg）公开展示了他以互联网为基础、以哈佛大学学生为对象构建的（社会）关系网，即“The Facebook”。这之后，越来越多的人希望加入这个关系网中。于是 The Facebook 便向其他大学的学生开放，最终所有人都能加入其中了。人们的热情从未间断。14 年后，其总加入人数已经突破 20 亿，而且早已去掉了名字中的定冠词（The）。

这就意味着，无论国家和年龄如何，全人类大约有 1/3 都加入了 Facebook。加入者的使用频率也相当高。平均来看，他们用于查看彼此的照片、阅读并分享更新内容、点赞的时间，每天达 1 小时以上。如果一直保持这样的水平，那么现在 20 岁的人到了 80 岁的时候，就有 5 年的人生都花费在了 SNS 上，而其中几乎有 3 年时间献给了 Facebook。

试想一下，有 20 亿人每天都会花至少 1 小时使用你制作的产品，这是史无前例的。马克·扎克伯格确实成功勾起了我们内心深处的某种欲望，那就是“试图不断窥视身边人和事的欲

每个人能与他人建立多少段关系

牛津大学进化心理学家罗宾·邓巴（Robin Dunbar）的研究表明，人具有和大约150个人建立关系的能力。我们实际认识的，甚至能够叫出名字的人显然不止这么多。但其中相对稳定的关系，比如"以我们能够知道对方的想法"为标准来筛选，就只有大约150段了。这个数字被称为"邓巴数"（Dunbar's number）。

有趣的是，在从前狩猎采集的时代里，我们的祖先就生活在人数上限约为150名的集体中；而在原始农耕社会，平均一个村子里居住的人数也在150名左右。邓巴曾论述道，是大脑皮质，这一大脑的外部"皮肤"、大脑中最为发达的部分，决定了人类和动物能够建立起的社会关系数量。物种的大脑皮质面积越大，就越能形成更大的集体来繁衍生息。

望”。除此以外，引领 Facebook 走向成功的还有另一种人性的原动力——“人们想要谈论自身的欲望”。

✪ 我们都喜欢谈论自己

科学家们想要了解“人在谈论自己时，其大脑内部正在发生什么”，于是召集了一系列受试者，让他们谈论自己，并在此时观察他们的大脑状态。例如，当被问到对滑雪的想法时，受试者就需要表达自己的观点“我最喜欢滑雪了”等。接着再让他们就其他人对滑雪的想法进行猜测。

研究结果显示，比起对其他人的想法进行猜测并回答，受试者在谈论自身时，大脑中被激活的区域更多。这其中就包括位于眼部后方的内侧前额叶皮质（medial prefrontal cortex），即额叶。这并不令人感到意外。因为额叶正是和主观经验有关的重要区域。另一个大脑区域，即伏隔核（nucleus accumbens），也就是我们通常所说的“奖赏系统”的核心，其活跃程度也有所上升。这个能通过性、食物和与其他人的互动得到激活的大脑区域，在人们谈论自己，即我们最喜欢的主题时，也同样会被激活。

这就是说，我们在谈论自身的时候，大脑也能够获得“奖赏”。为什么会这样呢？这是因为，谈论自己能够让我们强化社会性关系、培养与他人合作的能力，同时知晓他人对我们言行的看法，通过观察他人做出的反应进一步调整自己的行为。因为这种内在奖赏机制的存在，我们每个人嘴里说出的内容中，有接近一半都在讲述自己的主观经验。在人类进化史上，听众可能只有一个人或几个人。而如今，托 SNS 的福，我们获得了从前想都不敢想的无限机会，去给数百甚至数千名听众讲述自己的事情。虽然大多数人都喜欢谈论自己，但每个人喜欢的程度明显不同。一项针对大脑的研究让受试者分别讲述自己和他人的经历，当然此时所有人的奖赏系统都得到了激活，但是其程度却有所不同。有趣的是，奖赏系统激活程度最高的人正是最频繁使用 Facebook 的人！越是经常通过谈论自己来获得人气并以此激活奖赏系统的人，使用 SNS 的频率也就越高。

为何使用社交媒体越多就越容易感到抑郁

只需手指轻轻一点，就能和 20 亿名以上的用户进行接触，SNS 正是给我们提供了这样的机会。作为一种最适合用来和他人沟通交流的手段，它显然已经在我们的生活中占据了重要位置。可就因为我们使用诸如 Facebook 一类的社交媒体，我们的社交性就真的会变强吗？也未必就是如此。一项研究观察了约 2000 名美国人，结果显示频繁使用社交媒体的人更容易感到孤独。众所周知，朋友数量和发短信、打电话的次数与实际上孤独与否并无关联，无法用这些数字去量化。孤独是一种体验，而现实里频繁使用社交网络的人们，从结果来看就更容易感到孤独。

通过线上和线下方式与人接触会给我们带来不同的影响。一项针对 5000 余人进行的问卷调查研究了人们的身体健康、生活质量、整体心情，以及如何利用自己的时间、Facebook 的使用时长等问题，最后得出的结果是，对现实关系，即线下实际与人接触，投入时间越多，越可能觉得自己生活得不错。而在

Facebook 上消磨的时间越多，生活质量就越可能变差。对此研究者表明："SNS 会让我们相信，使用它这一行为是更具社交性的，从社会性的角度来看也是有意义的。但 SNS 绝对无法取代我们在线下与人接触建立起的社交关系。"

然而，为什么频繁使用 SNS 的人反而会感到更孤独、抑郁呢？是因为面对屏幕久了，和朋友线下见面的时间自然就减少了吗？答案也许是，这些人通过社交媒体上别人的动态，看到了许多总是"显得"很幸福的人，因而感到抑郁和孤独。人在社会阶层中所处的地位，会在很大程度上决定其精神健康受社交媒体影响的程度。我们可以了解一下 5- 羟色胺这一和多巴胺类似、同样也能影响我们情绪的大脑神经递质，进一步理解一些基本的内容。

5- 羟色胺和平静、平衡以及内在力量有着密切联系。它不但能影响我们的情绪，而且与我们在集体中的地位相关。通过观察长尾黑颚猴族群，研究人员发现猴群中雄性首领的 5- 羟色胺水平比其他地位低下的猴子要高出近 2 倍。这就说明，雄性首领对自身具有的强大社会地位充满了认知，通俗点讲就是，它充满自信。

5- 羟色胺也能给人类带来类似的影响。一项针对美国大学生中寄宿学生的调查显示，在宿舍生活较久、且有过领导经历的学生，5- 羟色胺水平比刚入住宿舍的学生更高。研究人员觉得这个发现十分有趣，还测定了教授、助教们的 5- 羟色胺水平。不过，因为直接测定他们大脑中的 5- 羟色胺水平较为困难，最终测定的是他们血液中的 5- 羟色胺浓度。结果如何呢？教授们的 5- 羟色胺水平处在最顶端！当然，这一结果不算准确，不应被视为科学事实，就当是件趣事听听吧。

◎ 社会地位会给心情带来重要影响

不管是猴子还是人类，权力更替总是很快的。不论出于何种理由，只要被其他雄性夺取了首领地位，原来首领的5-羟色胺水平就会急剧下降，而新的雄性首领5-羟色胺水平则会提升。通过后续研究我们发现，雄性首领被迫“退位”时产生的权力空白应该由谁来填补，其实是可以进行人为干预的。在给随机选定的一只猴子注射抗抑郁剂后，随着5-羟色胺水平上升，该猴子突然就掌权成了新的首领。然而其攻击性并未得到上升，反倒下降了。这只猴子并没有向其他猴子施以武力威胁，反倒是通过与它们联合来巩固自身地位的。

如今学界认为，5-羟色胺影响着猴子对自身社会地位的认知，其实说不定人类也同样如此。5-羟色胺水平最高者并非只是具有成为首领的可能性，实际上他们通常就是处在首领地位的人。而当判断出自身拥有强大的社会地位时，5-羟色胺水平还会进一步上升。

在一项充满“心机”的实验中，研究人员在首领雄性和其他猴子之间设置了一道玻璃板，使首领猴能够看到其他猴子，但其他猴子却看不到它。于是，尽管首领猴拼命用手势向其他猴子传达指示，但都无法收到任何反馈。最终在巨大的挫败感之下，它感受到强烈的焦虑，5-羟色胺水平也出现了下降。这就是因为，掌权者总是希望自己能引起关注。

有趣的是，丧失首领地位的猴子不但5-羟色胺水平有所下

为何我们会在社交媒体上谈论更私密的事情

你是否发现，在Facebook上发表动态时，有时候写的内容比自己一开始预想的要多出不少？其实这并非个例。我们会在SNS上沟通更多想法，也会聊起更多自己的事情。这是因为我们看不到自己的聊天对象。多项研究表明，有些内容人们在和他人面对面交流时觉得非常私密，到了网上却能事无巨细、若无其事地分享给他人。可以推测，这是因为在直面他人进行交流时，我们会刻意划分某种界限，而且能够看到对方的表情、手势。比如产生这种感觉时——“啊，他表情看起来好像有几分怀疑，还是不要多聊这个话题了”。如果没有机会当场得到反馈，这种自我审视也会消失不见。因此，我们在哪怕只有3个人的场合都无法谈论的私事，到了Facebook上却能坦然地向300人诉说。

降，其行动也发生了变化。它开始感到疲惫、有气无力，甚至表现出了抑郁。这都是伴随着 5- 羟色胺水平下降出现的。虽然无法把握具体的原因，不过有一种解释是可能的：5- 羟色胺水平的降低引发了消极行为，这是退位的公猴为了不受到新首领的威胁而采取的自然方式。大自然赋予了我们这样一种机制，能让社会地位降级的雄性变得消极，开始韬光养晦。这样若是之后能重拾力量，便可能重新上位。

这种机制在面对压力状况时也能发挥类似的作用。当长期处在高压状态下时，大脑就会让心情变得抑郁，从而让我们能在危险中自保。也就是说，当在集体中的地位下降时，大脑会给出这样的解释：现在该是保全自己的时候了，不能做出对上位的人具有威胁性的举动。大脑就是这样借助感情来操纵我们的行为，从而让我们获得平静，并主动疏远集体的。

在现实中也可以观察到这样的模式。作为精神科的医生，我已接诊过数千名抑郁症患者。时间久了我就发现，患上抑郁症的人大致可以分为两种：一种是在职场生活或人际关系中持续感到压力的人，另一种则是遭遇了解雇、分离或丧失社会地位等心理层面巨大打击的人。

数码时代的嫉妒

长尾黑颚猴和人类一样，都建立起了相当严格的等级秩序。可以说长尾黑颚猴和人类基本就是在等级秩序中确立自身地位的。这一地位会对我们的情绪产生重要影响，此时发挥作用的就是 5- 羟色胺，它在我们所处的等级秩序中的位置和自身的安定之间搭建起了一座生物学桥梁。大家都会发现，当从高位掉下来时，我们的内心就会产生波动。可以停下来想想发生这种情况的意义。当在和他人的竞争中处于劣势，尤其是当自己的地位比之前还要低下时，我们会感到焦虑、意志消沉。这是个疯狂内卷的时代。体育有竞争，数学考试也有竞争，甚至在 Facebook 和 Instagram 上，谁休假去旅行的地方最具异国风情、谁的朋友最多、又是谁用昂贵的瓷砖将浴室改造了一番，这些都能被拿来竞争。而不管是何种竞争，总会有个胜出的人。

但是，人类的竞争并不只是如今这个时代才有的，而是一直都存在的吧？从某种程度上来说的确如此。但哪怕只是与二三十年前相比，竞争涉及的范围也已截然不同。青少年时代，还在读书的我就会和同学比较，那时我的心中，大概也有着成为摇滚明星之类的模糊不清、难以实现的梦。可是现在的孩子和青少年不仅会拿自己和同学的照片相比较，还会被 Instagram 上明星们用 Photoshop 修过、看起来很棒的照片所包围。明星们为了得到人们对自己的称赞，就用一个个其实无法实现的目标将自己的 Instagram“装饰”起来。其结果就是，很多人看到照片就会感到受挫，认为自己处在社会最底层。

20 世纪 80 年代，我正处于青少年时期。回头去看就会发现，如今我们用来和自身做比较的群体，和自己之间的差距比当时要大很多。我们的祖先会跟同一部落的人竞争，排除掉老弱病残，实际上通常对手不超过二三十人。但如今的我们却需要和几十亿人竞争。不管是哪个方面，总有比你做得更好、比你更聪明、比你更有魅力、比你更富有、比你取得更大成就的人。个人所占据的社会地位能够影响我们的情绪。通过对这一事实进行考察，我们会发现新鲜的互联网世界会对我们的情绪造成影响似乎是理所当然的。毕竟这个世界就是一个能以各种各样的方式不断让我们将自己和他人进行比较的地方。

我们完全可以怀疑，SNS 就是那个削弱我们自信感的“凶手”，而这种情况也的确正接连不断地发生着。Facebook 和 Twitter 的用户中，每三人中就有两人对“你是否对自己不满意?”这一问题给出了肯定的答案。因为每天都能看到许多比自己更聪明、更成功的人，于是不管做什么都会觉得对自己不满意，至于外貌方面那就更不用说了。

一项以包括 10 岁至 19 岁青少年在内的 1500 名年轻人为对象的调查结果显示，其中 70% 的受访者都认为，他们之所以会用消极的方式看待自己的身体都是因为 Instagram。另一项研究则调查了 20 岁至 29 岁的人群，其中有近一半的人觉得自己因为 SNS 失去了信心；10 岁至 19 岁的人群也同样。还有一项问卷调查显示，12 岁至 16 岁的回答者中，有接近一半的人觉得使用社交媒体时感受到了身材焦虑，其中女孩子们的自信程度尤为低下。

是先有鸡还是先有蛋

如果试图弄清社交媒体对我们自身产生的影响，就会陷入理不清因果的混乱之中。是先有鸡还是先有蛋？我们似乎已经发现，频繁使用 SNS 的人会变得抑郁，但是，又如何确信 SNS 就是导致这种抑郁状态的因素之一呢？也许恰恰相反，有些人可能是因为本身感到抑郁，才会躲进 Facebook 和 Instagram 的世界之中寻求庇护。为了理清因果关系，研究人员对 20 岁至 29 岁的研究对象提出了两三个简单的问题，分别是“现在你的心情如何?”“你对于目前自己生活的满意度如何?”或“上一次回答这些问题之后，你使用 Facebook 的频率如何?”。

这些问题在一天里被重复问起了 5 次，参加实验的人通过手机，就当时的心情和过去几个小时里使用 Facebook 的频率做出回答。结果显示，人们在 Facebook 上花费时间越多，对生活的满意度就越低。虽然这一结果可能还无法确切地帮助我们分清因果，但对于这些人来说，哪怕只是那么短短的一瞬间，他们对于生活的满意度便真的降低了。通常似乎就是在看了别人上传的异域风情照或美食照之后发生了这样的变化。研究者们将这一结果进行了整理:“表面上看来，Facebook 是一种非常重要的资源，能满足人类对于社交的基本需求。但研究结果告诉我们，Facebook 可能并没有增进人们内心的平和，反倒是让我们的情绪恶化了。”

耶鲁大学的研究者们也在两年里对 5000 人进行了情感状态的跟踪调查，结果出现了相同的现象。在社交媒体上花费的时间越长，其后几个月里的幸福感就越低。

❂ 社交媒体以多种方式影响着我们

我们肯定也认识一些极其频繁使用 Facebook，却还能保持良好的情绪，不会蜷缩在床上或萎靡不振，也不会感到嫉妒的人。使用社交媒体的时间越久，心情就会变得越差，这并不是绝对的。一系列研究结果表明，虽然一方面事实告诉我们社交媒体有着让人们变得抑郁的风险，但另一方面它也能让我们的心情变

我们在面对什么时嫉妒心最为强烈

一项研究调查了600人使用Facebook时最常体验到的情感。结果显示，半数以上的人都体验到了正面的情感，但有1/3的人体验到的是负面情感，而其中最多的则是嫉妒。那么在Facebook上，看到什么会令人感到嫉妒呢？是新车，还是新装修的房子？都不是。引起嫉妒的往往是他人的经历。在异国风情满满的地方拍摄的度假照片，比昂贵的沙发或飞速的跑车都更能引起我们的嫉妒，而这些经历也正是我们最希望和他人频繁分享的东西。

得更好。Facebook 上好友数量众多的人能感受到社会对自己的支持和幸福感的提升。而且还会变得更加自信！那么，我们究竟应该相信哪个说法？

我们不能根据单次实验的结果做出判断，必须在多次进行实验后综合分析。我在汇集了约 70 份独立的研究结果后发现，虽然社交媒体会对我们的心情造成消极影响，但整体来看，这些影响的“后劲”并不大。当然这也只是平均而言。有一部分特定人群，使用社交媒体越多，情绪变差的可能性也会急剧增加。比如个性较为敏感 / 神经质或容易感到担心与焦虑的人，社交媒体给他们带来的影响是更为负面的。

同时，使用社交媒体的方式也会给情绪造成影响。那些只是翻看他人的照片，自己从来不发内容或从不留言评论的被动用户，相比主动用户更容易感到萎靡不振。主动积极的用户不光会上传照片，还会与他人进行一对一沟通。也许有人会问：“应该所有人都会跟好友私聊吧？”但统计显示，人们在 Facebook 上的活动中，积极主动的沟通只占 9%。大部分用户都只是不断地刷新页面，随意浏览照片。还有相当一部分人并不是为了维持社交而使用这些软件的，只是想没事时看看别人都在干什么，或者把它当作打造个人品牌的平台使用。

在 SNS 上得到了好友强力支持的人，会将其当作社会生活的辅助工具以及和朋友熟人联络的手段，这样的使用方式通常都会带来正面影响。与之相反，将 SNS 当作社会生活替代品的人，情绪可能会陷入低落。多项研究表明，本身就有抑郁倾向、同时又缺乏自信的人群过度使用社交媒体的话，情绪和自信心变差的可能性也相对较高。

◎ 被社交媒体捆绑的“00后”

缺乏自信、没有安全感的人受社交媒体影响，会更加容易掉入抑郁的陷阱。这是因为这类人会经常拿自己和他人比较。我想，每个人在生活中都曾有过缺少安全感、不断与人攀比并因此感到焦虑的时期吧？这其实大多发生在十几岁的年龄阶段。我们完全可以说如今的“00后”是被社交媒体牢牢抓住的一代。一份针对4000名12岁至16岁青少年进行的问卷调查显示，每七人中就有一人（14%）表示自己每天至少要使用SNS六个小时，相当于醒着的时间有1/3都被“夺走”了。

一项针对十几岁孩子对于自己情绪状态、交友关系、外貌、学校及家庭的满意度进行了长达5年的调查研究，最后发现，随着时间的推移“过得还不错”“挺好”等回答越来越少。鉴于10岁至19岁的青少年大部分都比幼儿更加容易感到疲劳，这一结果并不令人感到奇怪。大脑的多巴胺系统基本是在十几岁的时候开始发生变化的，有趣的是，频繁使用社交媒体的孩子的幸福感出现了尤为显著的下降。但这种现象基本是在女孩身上观察到，因为相比男孩，女孩们使用社交网络的频率的确更高。研究者们就二者之间的关联进行了推测，并给出了结论：“社交媒体对于孩子们而言就是一个不论何时都可以进去逛一逛的地方……孩子们目之所及都是他人‘完美’的身材和‘完美’的生活，这自然让他们无法不将自己与他人进行比较。”

众多研究结果都已经表明：“社交媒体能让一部分十多岁的孩子和成人的心情变得抑郁、容易感到孤独，甚至可能损伤他们的自信。”其中女孩尤为容易受到社交媒体的影响，而今后，这一影响的波及范围可能还会更广。

❂ 一见到他人就会变得活跃的镜像神经元

30 年前，意大利的科学家为了探究我们在活动身体时大脑内部发生的变化而对猴群进行了实验。他们发现，猴子们在伸手拿食物时，前运动皮质（premotor cortex）中的细胞会得以激活，而这一部分正是负责组织身体运动的区域。值得注意的是，当看到其他猴子伸手拿食物时，这一区域中的细胞也会被激活。前运动皮质的细胞并不是猴子特有的，人类的大脑中也有这种细胞，它被称作镜像神经元（mirror neuron）。

镜像神经元是一种通过模仿他人来帮助我们学习的脑细胞。这就是当有人向新生儿吐舌头时，新生儿也会跟着吐舌头的原因。镜像神经元能帮助我们学习身体动作，是一种存在于大脑众多区域中的重要细胞。体感皮层（somatosensory cortex）也是这些区域中的一种，它能够帮助我们理解他人的情感。当我们看到一张照片里有人被门夹到了手，就会产生和当事人类似的大脑活动——即使不会真的直接感受到疼痛，也多少会有一些难受。

镜像神经元会通过直接模仿他人行为来帮助我们理解和体验他人的疼痛、喜悦、悲伤和恐惧。它相当于为我们搭起了一座连接外部世界和内在世界，即他人和自我的桥梁。尝试去理解他人的本能欲望被称为心理理论（theory of mind）。镜像神经元发挥的作用重大，这一点毋庸置疑。但是，当我们希望体验他人脑中的活动时，我们的大脑究竟是在如何运转则尚未完全弄清。不过我们已经知道，当人需要做出判断时，大脑会收集无数的信息。

它会去了解他人所说的话，还会结合眼球动作、表情、身体动作、态度、音调、当下反应等进行综合考察。在大部分情况下，大脑都会通过无意识处理事情，以过往经验为基础，尝试理解他人的想法、情感、意图，并以此为依据，最后向我们揭示问题的答案。

心理理论在我们和人面对面接触时得以运行，此时我们的大脑会一刻不停地模拟他人的感受。可能有人会好奇，大脑为什么要这样做？也许是因为大脑的目的就是理解他人会采取怎样的行动并做出适当的应对吧，将这一点理解为大脑一直在不断寻找“现在该做什么了呢？”这一问题的答案即可。

镜像神经元是我们与生俱来的，它的存在似乎意味着，人会渴望理解他人的想法和情感也是先天决定的。但这并不意味着我们从出生开始就天然具备“读心术”。这种能力不可或缺，我们从很小的时候开始就在不断对其进行训练。虽然婴幼儿阶段也会有所涉及，但练习主要还是从 10 岁，也就是当额叶这一大脑中最发达的部分发育成熟时开始进行的。这种练习的方式是怎样的呢？我们会在和父母、兄弟姐妹、朋友们直接面对面接触的过程中，逐渐搭建起一座“经验的仓库”。当需要对他人的情感、想法、意图做出最佳判断时，这座经验仓库就会派上用场。

如果想让大脑的镜像神经元最大限度地发挥作用，我们就需要在现实生活中与他人接触。研究者比较了直接与他人见面时和观看戏剧、电影时镜像神经元的活跃程度，结果表明，在现实生活中与他人见面时，镜像神经元最为活跃（其次是看戏剧的时候，最后才是看电影的过程中）。虽然看电影时镜像神经元也能被激活，但其活跃程度不如前面两个。这就意味着，通过画作或者屏幕间接与人“接触”时，帮助我们深入理解他人想法和情感的生物学机制可能无法得到充分的激活。

✪ 自恋已成潮流

对我们而言，能够理解他人的想法和感受十分重要，是培养共情能力的基础。共情能力意味着我们能够推测到他人正在经历的痛苦。大脑想要理解身体的疼痛并不困难，但当这种疼痛变得“抽象”时，问题也会变得相对复杂。看到一张断腿的照片，大脑中对疼痛做出反应的区域就会马上被激活，仿佛自己亲身体验了疼痛一样。但是如果有人内心受到了伤害，大脑要对这一事实做出反应则需要更久的时间。例如如果他人正在忍受抑郁症的折磨或离婚带来的悲伤，比起断腿，这些疼痛就显得更加难以让人“感同身受”。

心理理论要通过观察他人的表情、动作、肢体语言来加以练习。但是，在这个数字化社会里，大部分面对面的沟通交流都已经被短信、Twitter、图像所取代，我们又该如何进行练习？当每天过着与他人割裂的独居生活，沟通过程中基本看不到对方的脸，一天有三四个小时面对着屏幕时，我们的大脑又会发生怎样的变化？如果对大脑而言，要对精神层面的痛苦产生共情是种更大的挑战，那么这种数字化的生活方式，是否会导致心理理论还没有完全成熟的青少年的共情能力变得更差？

众多研究人员和学者都已经向人们警告过这一危险，其中就包括一直致力于研究青少年行为的心理学家简·M. 腾格（Jean M. Twenge）和 W. 基斯·坎贝尔（W. Keith Campbell）。他们解释了“自恋流行病”（epidemic of narcissism）这一社交媒体带来的后续影响是如何扩大的，以及当代社会人们是如何史无前例地只将注意力集中在自己身上，不对他人产生丝毫关心的。

接下来要说的内容只是一种推测。在数字化世界里，我们可以通过 SNS 接触到全世界的人，生活圈子也变得更为广阔，还能对他人的生活进行深入的观察。那么，我们的共情能力也理应变得更加发达吧？这种可能性是存在的。但实际上，在综合 70 余项研究结果后我们发现，腾格和坎贝尔的观点是切中要害的。一项研究针对 4000 名大学生进行了调查，结果显示，自 20 世纪 80 年代以来，参与者们的共情能力在不断减弱。其中两种能力的减弱程度最为显著：一个是同理心（empathic concern），即感受身处困境之人的痛苦的能力；另一个则是人际敏感（interpersonal sensitivity），即站在他人立场上看待这个世界的能力。这两种能力的减退并不只出现在大学生身上，许多中学生也出现了这个问题。这就意味着，从 20 世纪 80 年代以来，人们变得更加容易沉浸在自我陶醉中了。

那么是否可以认为，在手机和社交媒体的影响下，“00 后”变得更加以自我为中心、执着于社会地位和外貌，从而变得只关心自己，对他人毫不在意了呢？在事故现场，比起救助他人，他们更喜欢拿着手机不断拍摄现场视频，无非就是为了在 Facebook 上多收获几个“赞”，这是否就是证据之一？目前我们尚无定论。虽然无法断言是数字化的生活方式使我们的共情能力和心理理论变弱，但这些令人担忧的信号不断出现，似乎是在告诉我们，一切都不是“杞人忧天”。

❂ 是谁在吸引你的注意力

为什么要买现在身上穿的这件衣服，你是否想过这个问题？是因为好看，还是因为价格合理？我们购买衣服和其他物品时，大体已经了解过相关信息了，也就是说，当时可能有人提供了一些手机、家具、电视和电脑的产品信息，并说服我们这些东西都是必需品。

全世界每年有数十亿美元的资金被投入广告市场。过往只存在于报纸、电视、街头的广告已经飞速流入我们的手机里。考虑到我们大脑运作的方式，这样的现状并不令我吃惊。众所周知，想要形成长时记忆，对某个事情的“关注”就是其中的第一步，这也是我们在识别商业信息时采用的重要标准。我们需要记得自己到底想要什么。大家应该都知道，社会性信息是十分重要的，会对我们的生存带来帮助。

数字时代的市场人员正是利用了这一事实进行营销。他们明白，我们的注意力都被每天能向我们的大脑少量多次注射多巴胺的电子产品夺走了；也明白我们都渴望获取身边的信息，时刻准备着将新的信息贮存到大脑里；他们还很清楚，无论是以有意识的方式还是无意识的方式，大脑对于他们试图向我们植入的信息都会形成积极的联想。因此他们会在社交媒体的信息流中巧妙地植入广告，以达到他们想要的目的。

在投放商业信息的能力方面，手机大概无人能敌。它不仅能抓住人们的注意力，还能使这一效果最大化，因为它会将广告信息径直推送到用户跟前。大家应该都看到过 Facebook 和 Instagram 信息流中间插入的广告。这些广告的摆放非常讲究，我们很难将它和朋友们发的状态区分开来。广告的推送是有针对性的，会在用户对其接受程度最高的时候进行投放。例如，向刚刚在 Facebook 上看了足球比赛照片的人推送体育活动广告就是合适的方案，而给旅行目的地照片点了“赞”的人也会对预订机票更为关注。

在这个令人眼花缭乱的世界里，注意力的价值堪比黄金，而站在市场人员的立场来看，没有比手机更为实用的营销手段了；要在手机上投放广告，也没有比社交媒体更加有效的方式了。Facebook 最初只是一个用于同学沟通的平台，而在 15 年时间内就完完全全霸占了全球广告市场。它在吸引人们注意力的战争中取得了胜利，仿佛打开了满是奇珍异宝的仓库大门。现如今，Facebook 的市场资本总额已经超过瑞典 GDP 的一半，每次公布的半年度报告都会引来股票投资者们仔细研究，他们都在关注用户在 Facebook 上的停留时长。对他们来说，这每分每秒都可能带来新的商机，因此 Facebook 也在绞尽脑汁最大限度地让用户多做停留。

天下没有免费的社交媒体

汽车制造商在不断进行车辆改良，以生产出更安全环保、价格低廉的汽车，而没能达到这一标准的制造商最终就会被淘汰出局。对于以 Facebook 为首的其他社交媒体而言，其最为重要的财产就是人们的关注。因此从社交媒体的角度来看，它们需要生产出能够吸引人们注意力的产品，否则破产就是不可避免的。因此，“夺取注意力”的数字时代商业战争愈演愈烈。App 开发者、手机制造商、博彩行业从业者和社交媒体都在使用比以往更为巧妙的机制，试图在这场战争中成为赢家。为了获得消费者的关注，它们正越来越熟练地利用着我们大脑的多巴胺系统。

让我们看看手机里安装的 App 吧。图标色彩鲜明、设计简洁有力，看起来和老虎机没什么两样。考虑到行为科学家们也已经研究过哪些色彩最能吸引人们的关注，这两者绝非偶然。如果想在 Snapchat 上发布新的照片和动态，就需要将画面往下拉，并且等上几秒才会看到新内容，这就是在模仿老虎机。这跟拉下老虎机的摇杆，祈祷上面出现 3 个樱桃又有什么区别！此时，大脑面对未知结果会更为活跃的倾向，就会顺利得以激活。

Twitter 也想出了一个独特的方法。只要点开手机上的 App，那只白色的小鸟就会在蓝色背景里反复变大变小。这样两三次之后，画面突然放大，所有推文填满屏幕。这并不是因为登录需要时间，也跟网络连接状态无关，Twitter 就是故意借此来制造紧张氛围。这段延迟的时间，是在对大脑以最佳状态启动奖赏系统所需的时间进行精巧测定后设置的。此外，很多时候 App 的消息推送提示音跟短信提示音一样，这也并非偶然。同样的提示音会让我们误以为是朋友发来信息了，从而激发大脑的社交互动需求，尽管它推送的可能只是某件商品的打折信息。

Facebook、Snapchat、Twitter 并不是给我们提供了一个空白的平台，让我们在上面自由自在地发消息、发照片并通过“点赞”表达认可。它们制造的产品正是我们的注意力。为了把用户的注意力卖给各种各样的广告主，它们会通过消息、照片、点赞“收购”注意力。如果你以为自己正不花一分钱免费使用着社交媒体，那就大错特错了。

◎ 是我在玩手机，还是手机在玩我

商家们为了吸引我们的注意力，已经投入了大量资本，那么，今后的手机和社交媒体会比现在更具诱惑力吗？这之后的两三年，我们是不是每天会花七八个小时跟屏幕“亲密相处”，而手机和社交媒体也会完全取代现实中的社交活动？还是说，在新技术加持下登场的手机、平板电脑、电脑、App，能够帮助我们以更好的方式使用它们？这一切都取决于我们自身。只要我们愿意，手机和社交媒体就能和人脑以更为和谐的方式共处。毕竟如果 iPhone 和 Facebook 会让情绪和活力持续变差，我们似乎总有一天会将它们抛弃。到了那时，Apple 和 Facebook 就得孤军奋战，努力研究新产品了。但如果你觉得这种事情真的会发生，那可太天真了。

也曾有人主张，去操心技术是如何被研发设计出来的毫无意义。技术只不过是技术而已，只要人能适应就行。但我觉得这一观点是错误的。技术并不像天气，不管好坏都得接受。应该是技术来迎合人类，而不是人类去适应技术。手机和社交媒体是开发者为了让人们最大限度地依赖它们而故意设计出来的，不是不能被设计成其他样子。这种可能性依然存在。如果我们明确表示想要获得别的产品，并提出相关要求，也许现在手里拿着的就是另外一款产品了。

每当在街头看到一头扎进手机里，对于周遭发生的事情毫无感知的人，我心里就会想：“到底是那个人在操作手机，还是手机在操控那个人呢？”会这样想的人肯定不止我一个。硅谷的很多大人物都流露出了悔恨，觉得自己不该制造出这些产品，其中社交媒体方面的相关人士尤为如此。作为Facebook的前副总裁，查玛斯·帕里哈皮蒂亚（Chamath Palihapitiya）曾在一次采访中提到，“我们制造出的反馈路径的确会使人们分泌多巴胺，但此举十分短视，会阻碍社会的正常运行”，他说，自己每每想到社交媒体对人们造成的影响就会感到自责。另一位曾任职于Facebook管理层的肖恩·帕克也强调说，Facebook利用了人们心理上的弱点，并表示其并不同意“只有神才知道孩子的大脑会受到怎样的影响”这一说法。

◎ 有10%至15%的狩猎采集者是被他人杀死的

就像书的前半部分中提过的那样，我们的祖先曾经生活的世界非常危险。饥饿、感染、事故、野生动物的袭击都是家常便饭，当时有一半的人类是在10岁之前死去的。但那时最大的威胁并不是狮子、传染病或饥饿，而是身边的其他人。人类在面对彼此时表现出的残酷，达到了十分惊人的地步。可怕的是，考古发掘出的遗骨中有相当一部分头盖骨的左侧都带有伤痕，可以推断出大概是遭到了惯用右手的人的袭击。

在狩猎采集时代的祖先中，有10%至15%都是被他人杀死的。原始农耕社会的情况更为糟糕，每五人中就有一人死于他人之手。我们推测这些战斗都是为了抢占更多的资源。这还只是部族内部的杀人事件统计，如果连带和其他部族之间的战争一起统计，情况应该会更为严重。那批离开自己的部族去寻找新出现的智人的人实际上是走上了一条死亡之路。这阴沉的数字能告诉我们什么呢？所谓的“站队本能”，对于人类而言，是最为重要的社会性原动力之一。看到外貌与自己不同的人时我们会感到不安，也都是因为这种本能。杏仁核这一恐惧制造机在我们遇到无法了解的对象时便会立即做出反应。

7 万年前，居住在西非地区的人类有大约 10 万至 20 万，其中一部分逐渐离开了西非。据推算，这一小部分人的数量只有 3000 左右，仅仅相当于现在一个购物中心能够容纳的人数，而这批人却成了在非洲以外地区不断繁衍生息的人类的祖先。如果我们的起源可以追溯到这样小的一个集体，那么，从遗传上来看，人类应该彼此十分接近吧？的确是这样。人类和其他物种不同，群体内同质性较强，随便找两个人，他们的遗传物质中便有 99.9% 是一致的。可即便如此，我们的外貌却各不相同。

对气候的适应是决定我们外貌最重要的因素之一。比如，皮肤的颜色就是随露出的皮肤承受的紫外线照射量而变化的。浅色皮肤能够更好地将维生素 D 转换为活跃状态，因此，在日照不足的地区生活的人们就拥有更为白皙的肌肤，从而帮助生成维生素 D。此外，对寒冷的耐受程度也存在遗传层面的区别。亚洲人眼睛下方的脂肪较厚，可以认为是曾经生活在极度寒冷地区的蒙古人祖先们留下的遗传痕迹。

从遗传学的角度来看，放眼全球，不同国家不同民族间的差异至多只存在于皮肤厚度方面。这是人们对居住地区环境适应的结果。但是去掉皮肤这一层“包装”，我们就会发现其实大家如此相似。但因为面对陌生事物时会本能地产生恐惧，我们似乎特别容易受这种外貌差异的影响。“宁可错杀，也不放过”，杏仁核当然会选择多拉响一次警报。这就是火灾报警的原则！杏仁核在遇到不认识的人时就会提醒我们以合理的方式应对，而当对方的长相看起来与我们自身特别不同时尤其如此。

如果你问我是不是充满偏见，那我肯定会马上否定。但另一方面，和其他很多人一样，我的偏见也比自己想象的要多得多。大脑会以我们都无法意识到的速度飞速对眼睛看到的东西下结论。但这并不意味着我们应该无限顺从它，表现出“种族歧视”的反应。这种以往流传下来的进化糟粕还是会在无意识中影响我们。回顾人类充满腥风血雨的历史，这种面对陌生的“异族”时产生的恐惧其实是相当合理的，但它显然与当今世界背道而驰。

虚假新闻永不消失

我们强烈渴望划分“我们和他们”的界限，这就像内心在面对灾祸和威胁时产生的恐惧一样，但这种渴望会在今天这个互联网世界给我们造成巨大的影响。如今，相比报纸或电视，大部分人更加倾向于通过 Facebook 来阅读新闻。现有的舆论媒体和 Facebook 相比有着很大差别。报纸和电视的新闻编辑团队能够人为决定他们要展示的内容，并且判断这些新闻是否有趣和真实。与之相反，Facebook 信息流里的新闻则是通过电脑程序，即算法机制，选定出来的。换言之，通过 Facebook 流传开来的新闻报道，是没有编辑团队为其真实性背书的。算法会选择用户可能感兴趣，也就是其好友都在阅读、分享的内容进行推送。至于这些新闻真实与否则显得并不那么重要。

历史上，有大约 10% 至 20% 的人类都是被他人杀死的，于是那些涉及纷争与威胁的新闻更能吸引人们的关注 —— 毕竟这类信息重要到了事关生死的地步。鉴于我们毫不在意自己阅读和分享的内容的可靠性，所以经过 Facebook 的算法处理后，那些与纷争和威胁直接相关的新闻总是扩散得最快。当然，极为正面的新闻也同样如此。至于内容是否为毫无依据的谎言，对人们来说则是无关紧要的。

新闻就是以这种方式传播扩散开来的。研究人员针对社交媒体上流传的数万条新闻展开了调查，结果显示，虚假新闻不光被更多的人分享，传播速度也更快，而真实新闻的传播速度要想赶上虚假新闻，至少需要多花费 6 倍的时间。虚假新闻更具煽动性，不必顾忌真相。一旦用户点进虚假新闻，算法就会提升其优先级，将它放在信息流的最顶端。人们具有接力分享虚假新闻的倾向，所以并不能将问题完全归咎于算法。虽说一开始的确是算法将虚假新闻送到我们手上，但它却没有强迫我们进一步分享。随着"人云亦云"的愈演愈烈，虚假新闻也就被误以为真了。

虽然 Facebook 成了人类历史上最大的新闻聚集地，但它也因为不对所传播新闻的真实性负责而受到了批评。批评者主张，Facebook 蓄意利用我们心底的恐惧和矛盾，来吸引我们的注意力。因为只有吸引了关注才能换来无限商机。还有人批评社交媒体不仅会给军事矛盾火上浇油，妨碍民主选举，甚至还会对选举的最终结果产生影响。

是时候减少电子产品的使用了吗

社交媒体会带给我们压力，使我们产生嫉妒之情，还会让虚假新闻无限扩散下去。因此，尝试一下"戒掉 Facebook 活动"也许是一个不错的想法。针对 150 多名美国大学生展开的一项问卷调查结果表明，在“抛弃”Facebook之后，一部分学生心情良好，另一部分学生则略感不适。接受问卷调查的学生们被分成了两组，一组正常使用社交媒体，另一组则被限制使用Facebook、Instagram、Snapchat等SNS（每次最多使用10分钟，一天30分钟封顶）。

3周后，每天仅可使用30分钟SNS的学生们情绪得到了改善。对在研究开始时有抑郁症状的学生们而言，抑郁感与孤独感也得到了缓解。这也许可以证明，许多人并不是因为原本就抑郁才深陷SNS不能自拔，的确是社交媒体的使用加剧了他们的抑郁倾向。但这项研究的初衷并不在于呼吁人们彻底抛弃社交媒体，只是希望证明这样一个事实：通过减少社交媒体的使用时间，就可以达到改善心情的效果。“每天使用多少分钟才能不受到负面影响？”我们不可能用一个绝对的标准来限制社交媒体的使用时间，研究中规定的30分钟也并不是一个有理有据的数字。

如果不是减少使用社交媒体，而是彻底将其抛弃，效果会更好吗？对此，研究者在丹麦组织了1000人进行了为期一周的实验，结果显示，这些人对生活的满意度提高了，压力也得到了缓解，与身边人面对面交流的时间也有所增加。同时，研究还揭示了各个方面受到的影响。那些因为使用Facebook而屡屡产生嫉妒之情的人尤其收获了奇效。甚至本来不怎么使用社交媒体的人和完全不发表评论、只是一味潜水看帖的人也受到了正面影响。我想这个结果对于一直阅读这本书的读者来说，并不是什么令人吃惊的事情吧。

7. 数码产品会给孩子带来哪些影响

我们会对孩子在家使用科技产品做出限制。

——史蒂夫·乔布斯，苹果公司创始人

2017 年 10 月，瑞典国内发布了一份标题为“瑞典人与互联网”的研究结果，其调查了人们的互联网使用习惯，是近 20 年来规模最大的一次调查。在这之前，从未有人意识到手机会产生如此巨大的负面影响，但调查结果中的一项内容让人们陷入沉思，那便是数码产品已经给孩子们的生活带来了严重的影响，我们却一直在袖手旁观。数码产品甚至对幼儿也造成了影响，调查显示，一岁以下的孩子中有 1/4 在使用网络，而有一半以上的两岁儿童每天都会使用网络。

此外调查结果还显示，孩子们在入学之后几乎全都会使用手机。7 岁左右的孩子，每天都会上网的人数过半；基本上每个（98%）11 岁的孩子都拥有属于自己的手机。在瑞典，青少年每天使用手机的平均时间为三四个小时，除去吃饭喝水睡觉和往返上学的时间，一天便只剩下 10 至 12 个小时了。也就是说，孩子们将 1/3 以上的时间花在了使用手机上。

当然，这种现象并非只出现在瑞典国内。英国的一项调查结果显示，英国的幼儿及青少年每天会花费 6 个小时在使用手机、平板电脑、电脑或看电视上（1990 年的调查结果显示为 3 小时）。而美国的相关调查结果则显示，美国国内青少年每天的上网时间为 9 小时。由此可见这种现象在世界各国是普遍存在的。如果花费过多的时间在各种数码设备上，即使是成年人也会为此付出巨大的代价。那么，数码产品又会给儿童和青少年造成多大的危害呢？

❂ 孩子们对手机的依赖

“假期过得怎么样呀？”我向暑假和家人去马略卡岛度假刚回来的同事询问道。

“就…… 天气超棒，酒店也很舒适，但玩得不是很愉快。”

同事说家里的孩子一直沉迷于手机，导致亲子间产生了许多矛盾。孩子们在吃饭的时候也不肯放下手机和平板电脑，因此双方争论了起来，最后同事让他们把数码产品全部放到房间去，再来吃饭。然而即便如此，只要一听到房间里传来了手机的振动声，孩子们就会变得心不在焉。

“吵来吵去也没用，就算把手机放在了隔壁房间，他们整个心思还是在手机上面，完全不想跟我们交流。”

同事表示他最后也放弃斗争了。

人的大脑是由各个领域和组织构成的。它们有时会互相帮助，合力去完成一件事。有时也会发生冲突，彼此妨碍。在私人派对上，如果你站在一盘装满薯片的盘子前，大脑中的一个系统就会暗示你立刻将整盘薯片吃掉。但与此同时，另一个系统则会提醒你夏天很快就要来了，一定要控制住自己，注意管理身材。大脑各个系统的发育速度是不一样的。位于额头后面的额叶发育速度最为缓慢。额叶起着抑制冲动情绪及延迟满足的作用，要到差不多 25 岁至 30 岁才能完全发育成熟。告诉我们“不可以把薯片全部吃光”的额叶在童年期和青春期相对沉默，而这时候不断怂恿我们“快把薯片全部吃光”的脑区最为活跃。

如上所述，手机具有激活大脑奖赏系统的神奇能力，因此可以吸引我们的注意力。而负责抑制冲动行为的大脑区域，并非单纯帮助我们控制“吃薯片”这一行为，也能帮助我们抵抗想要拿起手机的冲动。然而，由于大脑的这一区域在儿童和青少年时期尚未完全发育成熟，因此数码产品对孩子们来说有着难以抵挡的巨大诱惑力。结果也是显而易见的。不管是在餐厅、学校，还是在公交车或沙发上，孩子们的眼睛根本无法从手机上挪开，一旦手机被夺走便会又哭又闹，父母和孩子之间也会因此无休止地争吵。

十几岁正是多巴胺分泌最旺盛的阶段

我们在前面已经提到过，多巴胺能激发我们的动力，促使我们去做各种各样的事情。所谓多巴胺指数，实际上指的是多巴胺系统的活性，即大脑能够分泌多少多巴胺，以及所分泌的多巴胺有多少能够与大脑细胞表面的受体相结合。

多巴胺系统的活跃度会随着时间的流逝减少，大概每 10 年会减少 10%，但这并不一定是件坏事。随着年龄的增长，大脑多巴胺的分泌指数虽不如从前，但经历危险的概率也会变小。在青少年时期，多巴胺分泌最为旺盛。此时，一旦受到奖赏，大脑就会快速分泌大量多巴胺；相反，如果感到失落，多巴胺的分泌就会立即减少。因此，十几岁正是多巴胺分泌值起伏最大的时期，特别能够体会到“活着的滋味”，大喜大悲的感受尤为强烈。这时如果恋人向自己提出分手，产生的悲伤情绪也确实可能更加刻骨铭心。

青少年时期，不仅控制冲动情绪的大脑系统尚未发育完善，大脑还容易分泌大量的多巴胺，在这两种因素的综合影响下，青少年们可能十分容易陷入危险的状况之中。这也向我们解释了为什么许多保险公司不愿意为 18 岁的机动车驾驶者提供保险，以及跳伞俱乐部为什么不肯接待 15 岁的会员。另外，由于青少年很容易对某种东西上瘾，因此父母通常十分注意禁止他们喝酒。但是，在手机使用的问题上表现出紧张和担心的家长似乎并不太多。手机具有激活大脑奖赏系统的作用，在关于各年龄段使用手机频率的调查中，结果显示，年龄越小的人，使用手机的时间越长。十多岁孩子比成年人使用手机的时间更长，其中十岁出头的孩子使用手机的频率最高。

✪ 使用数码产品学习根本无益于孩子

小时候，我曾一动也不动地坐在电视机前面，观看一档名为

《五只蚂蚁比四只大象多》[①]（*Fem myror är fler än fyra elefanter*）的节目，边看边练习用手指数数。这是一档由玛丽·弗萨（Magnus Härenstam）、布拉西·布兰斯特罗姆（Brasse Brännström）和伊娃·雷马埃乌斯（Eva Remaeus）一起主持的儿童教育节目，在当时非常有名。我的许多同龄朋友正是通过这档节目学会了如何数数以及运用简单的数学知识，它确实非常有趣。

多亏了《五只蚂蚁比四只大象多》之类的节目，孩子们扎扎实实地掌握了不少数字和单词，甚至连阅读能力都得到了提升。然而也有不少研究表明，想让孩子通过教育类电视节目学习到有用的知识，至少应该等到快入学的年龄。两三岁的孩子年龄尚且太小，往往难以收获良好的学习效果。他们在与父母或他人的交流过程中，反而可能学到更多的东西。

也许不少人都认为，平板电脑或手机的软件也像《五只蚂蚁比四只大象多》等节目一样，能给孩子带来正面积极的影响。事实上与此相关的研究并不多。但根据现有的研究结果来看，就学习效果而言，利用软件学习的最佳时期跟教育类电视节目一样，即等到孩子们临近入学的阶段。把平板电脑放到两岁的孩子手中，将其称为“学习平板”，这其中包含着的，其实只有家长的迫切愿望。

卡罗林斯卡学院的儿科教授胡戈·拉杰克兰茨（Hugo Lagercrantz）一直以来都致力于小儿大脑发育方面的研究，他对“平板电脑有利于孩子学习”这一说法持批判的态度。他表示：

① 1973 年至 1975 年在瑞典国内播出的少儿系列节目，这档著名的教育类节目通过歌曲和图片等生动有趣的形式，来教授文字、数字、方位（左、右、上、下等）等知识。——译者注

“使用平板电脑的孩子年龄越小，其大脑越有可能发育迟缓。许多人之所以认为数码产品有利于孩子成长，是因为人们错误地将孩子当成了‘小大人’。例如，在玩拼图时，对大人来说，不管是通过软件玩还是拿着拼图实物玩，区别都不太大。但对于两岁的孩子来说，直接用手拿拼图不仅可以锻炼手指灵活度，还能加强孩子对拼图形状和材质触感的记忆，使用 iPad 则无法实现这些效果。”

再举一个例子：写字能力。现在大家普遍会使用键盘打字吧，似乎都觉得手写笔记或字写得好看没什么好的，用平板电脑和电脑来代替笔记本更好。

平板电脑对于已经会写字的成人来讲，可能真的很有用。但如果对象是还无法熟练将文字拼写出来的小朋友，则需要直接用笔练习，这样才有助于提升拼写能力。一项以幼儿园年龄段小孩为对象进行的调查显示，用笔在纸上写写画画，本身就可能促进阅读能力的提高。

美国一个儿科医生团队与胡戈·拉杰克兰茨教授的观点不谋而合，他们还通过儿科杂志《儿科学》（*pediatric*）发表了文章，做出了这样的警告：较少参与线下游戏，将过多时间花在平板电脑和手机上的小孩，今后在学习数学或一些理论性科目时，可能缺乏这些科目必备的一些能力。

美国儿科学会也对拉杰克兰茨教授与儿科医生们的主张表示支持，建议限制幼儿（尤其是未满 18 个月的幼儿）接触平板电脑或手机。或许有人认为这种建议太离谱了，“未满 18 个月”的孩子话都说不利索，有些甚至还不会走路，谈什么数码产品的使用呢。但从现实情况来看，有 80% 的两岁幼儿会定期使用网络，因此这并非无稽之谈。

美国儿科学会在标题名为“让孩子们尽情玩吧”（Let Kids Play）的报道中强调，如果想要培养幼儿大脑抑制冲动的能力、专注力和社交能力，线下游戏是必要的。但问题是，现在的孩子很少会玩线下游戏了。美国儿科学会称：“我们生活的这个时代，一切都得按部就班，玩游戏似乎是过时的事情。”他们还在这篇报道中表示，生活在重压之下的家长和孩子，平时更加需要多多参与线下游戏。

◎ 逐渐退化的自制力

我们总是在和“夏天来了，少吃一块饼干的话身材会更好吧”“不去参加聚会，在家学习的话，以后就能找到更好的工作”之类的问题拉扯较量着。为了更好的未来而放弃眼前利益，这个能力其实很重要。这么说是因为，从孩子是否拥有这项能力，便可以大致预测出他今后的人生如何。某项实验会给 4 岁的儿童一颗棉花糖，告诉他先别吃，多等 15 分钟的话，就会得到两颗糖。最终成功完成等待任务的孩子们，在数十年后大多受教育程度更高，也拥有更好的职业。

这个棉花糖实验的结果告诉我们，如果从小就拥有自制力，长大了之后也可能在生活中获得更多的机会。不过延迟满足的能力，即自制力，这个东西并非与生俱来的，它受个人成长环境的影响，是可以通过后天训练培养起来的。那么，现代数字生活方式会给人的自制力带来哪些影响呢？不少研究表明，经常使用手机的人，个性会更加冲动，也比较难以做到延迟满足。这样说

为什么额叶的发育最为迟缓

脑部的发育顺序是从后往前的。从后颈周围开始发育，最后才轮到额头后面的额叶。那么，为什么负责控制冲动情绪的额叶部位的发育，需要如此漫长的时间呢？这是因为，在极其复杂的社会互动交流等方面，额叶发挥着十分重要的作用，这也是它所需的发育时间格外漫长的原因之一。额叶的作用相当复杂，它需要数十年的时间来积累经验、不断练习，因此自然需要花费很长的时间，最终发育完成的时间也是最晚的。由此我们可以看出，相比遗传因子，额叶更容易受到周围环境的影响。

额叶为了理解并参与到社会互动当中，需要接受一些训练。有部分学者认为，现在的数字化生活会给人们的额叶带来影响，因为如果用数码设备去参与大部分的社会生活，而放弃“面对面”的方式，额叶便可能无法得到充分的训练。尽管这对大多数人来讲影响不会太大，但如果从一开始就无法判断、认知他人的想法、情绪和意图，缺乏充足的社会性训练，则可能面临严重的后果，例如自闭症患者出现的一系列问题。

来，是否个性冲动的人使用手机的频率更高呢？

一部分学者为了寻找“究竟是先有鸡还是先有蛋”这个问题的答案，在几年前做了一个实验。研究团队找来几个从未使用过手机的人，交给他们一部手机并让他们使用。其实在当今社会，想要找到完全没有碰过手机的人，几乎是不可能的。这个实验的目的就是要观察在被手机“污染”了之后，这些受试者的延迟满足能力是否会受到影响。最终在使用了手机3个月之后，一连串测试的结果显示，受试者们已经难以做到延迟满足了。

延迟满足能力下降，就可能导致我们很难花时间去学习和熟悉一样东西。相关的例子之一便是，现在学习古典乐器的学生人数已经急剧减少了。我曾向一位音乐教师询问其中的原因，他表示，现在的孩子们太习惯于即时满足了，练习稍有不顺，便会立刻放弃掉。

✪ 手机使学习能力下降

此前的作品《大脑健身房》（*Hjärnstark*）出版一两周后，我收到了一所高中校长发来的邮件，邀请我到他所在的学校进行演讲。在开始演讲后，我观察到，大概有接近一半的学生时不时就会掏出手机看一看，对此我很伤心，自嘲地说了一句：“看来我的演讲很枯燥啊。”“完全不是的，正好相反，真的好久没看到学生们表现出这样兴致勃勃的样子了。”校长却这样说道。“刚才不是一半的学生都在看手机吗？”我反问道。校长回答说：“是的，没错。不过这是因为您无法想象他们平时在教室里的样子。所有学生都一直盯着自己的手机看，为了让他们在课堂上集中注意力，老师们花尽了心思。之前我在一所小学工作时，休息时间没有一个学生会走出教室去玩一玩，大家都坐在教室里玩手机。”

回家路上，我不断回想起校长说的话。如果换作是我们那个时候的老师，恐怕学生连游戏机都没办法带进学校。要是我敢像现在的孩子一样用手机观看电视、电影，老师们更不可能善罢甘休。话说回来，以前如果我们做任何事老师都不加以干涉，允许我们将游戏机或其他数码产品带到学校，我真的还能学到什么知识吗？

现在许多学校原则上都不允许学生在课堂上使用手机，我个人也认为这一措施是理所当然的。不过目前来看，这个问题仍然存有一定争议。将手机带到学校究竟会对学生们造成怎样的影响，研究者们是如何认为的呢？首先，根据美国研究者的调查，如果不将手机带进教室，孩子们就能在课堂上记录下更多的知识内容，对课程内容的印象也会更加深刻。在之后被问到课堂上所学过的知识时，这些孩子能够回想起的内容也更多。

其实在阅读时，纸质书带来的阅读效果可能也更好。在挪威，有学者针对中学生进行了实验，他们让一半学生阅读纸质书，另一半学生阅读电子书。结果显示，尽管是相同的内容，但阅读纸质书的学生对书本内容印象更深，他们尤其记得故事的叙述顺序。对此较为合理的解释是，我们的大脑习惯了通过数码产品来阅读邮件、短信、了解实时的资讯，从而获得即时满足，根本无法集中精力阅读文字。使用电子产品阅读时，大脑需要花费更多的精力去抵挡手机本身的诱惑，因此学习能力必然会下降。

✪ 让手机从教室里消失会如何呢

如果说用手书写记录的方式的确更加有利于学习，手机当然就不应该被允许带进教室。但是，我们不能以单个研究结果为依据，需要多做参考。某团队研究分析了100多项“手机会对学习造成的影响”的调查结果，对它们进行了整理，最终得出了“利用手机进行多任务处理时，在各种机制下，学习会受到影响”这一有些含糊其词的结论。结论中也小心翼翼地指出，手机会对各年龄段人们的学习造成影响，其中个别人受到的影响可能会比其他人大。

尽管这100多份研究结果多半显示手机会妨碍学习，但它们某些部分的明确性和真实性似乎有待证实。为什么这样说呢？这是因为，单纯考量幼儿和成人是如何学习的，并将他们分成两组进行的心理实验，与现实状况还是存在很大差距的。那么，如果不让学生将手机带进教室，会有什么不一样呢？

英国伦敦、曼彻斯特、伯明翰和莱斯特的部分学校如今禁止学生携带手机进校，在早上进入校园时，学生们需交出手机，等到放学回家时再将手机拿回去。学生们的学习能力都得到了提升。进行此项调查研究的学者称，多亏了禁带手机的措施，初三学生在两个学期内多学习了一周的课程内容。就连以前不太能跟上进度的学生，成绩也有所提高。因此，禁止携带手机进校的措施也算是缩小学生之间成绩差异的一个方法了。

从这一调查结果可以看出，对于某些特定的学生，尤其是成绩优异的学生来说，携带手机进入教室也许能够成为一件好事，至少他们不会受到负面影响。然而对于其他学生而言，手机的确分散了他们的注意力。综合来看，手机带来的影响应该是因人而异的。以 4000 名儿童为对象进行的记忆力、注意力和语言能力的调查显示，每天使用手机时长不超过两个小时的孩子，学习成绩是最好的。当然在手机之外，也有其他因素可能给孩子带来影响。比如晚上 9 点至 11 点入睡的孩子，不仅成绩更好，也更加充满活力。

限制使用数码产品到底能收获怎样的效果？睡眠是否充足，有没有积极运动，这些又会带来怎样的影响？我们很难得到完全准确的结论。有的时候，睡眠障碍或久坐、运动量太少的情况，也有可能是手机所带来的间接影响，玩手机会使我们睡得更少、坐得更多。研究者们得出的结论很简单，孩子们如果想发挥出自己最大的能量，每天至少应该锻炼一个小时身体，晚上要在 9 点至 11 点入睡，使用手机的时间最多不超过两个小时。这样的睡眠时间、运动量和手机使用时长的标准，并不过于苛刻，是完全可以做到的。但实际上又有多少孩子在遵循呢？答案是只有 5%。

睡眠越来越差的青少年们

如上所述，现在我们睡得越来越少了。尤其是在年轻的人群当中，这种现象正逐渐普遍化，青少年说自己睡眠出现了问题也并不新奇。他们生活节奏出现了变化，突然间成了夜猫子，早上起床总是爬不起来。处在十几岁年龄阶段的孩子，每天必须睡够 9 小时至 10 小时，这的确比成人所需的睡眠时间要长。但随着生活节奏发生变化，早晨起床自然也会变得困难。因此，有一些学者建议，学校应配合高中孩子的生物钟，推迟早上上课的时间。

一直以来，青少年多少都存在睡不好的问题。但近10年间，这一问题更加恶化了。2007年以后，15岁至24岁人群中患有睡眠障碍的比例增加了5倍，令人感到十分震惊。虽然在2007年之前，出现睡眠问题的人群比例也在不断攀升，但上升速度慢、涨幅也小。2007年似乎是个分水岭，这一比例自此开始急剧增长，到了2011年，涨幅变得更大。就由于抑郁情绪而寻求帮助的人群比例而言，其变化形势也与此类似。也许大家都还记得，正是在2011年，移动互联网取得了巨大成功，iPhone作为人们能够负担的少数奢侈品，紧紧抓住了所有人的钱包，幼儿和青少年也成了它的用户群体。

青少年的睡眠时间正以飞快的速度减少。以20个国家70万名儿童为对象的睡眠习惯调查显示，孩子们的睡眠时长的确比10年前缩短了不少。一方面大量研究报告指出对于青少年来说，睡眠十分重要，而另一方面从现实状况来看，实在令人感到有些讽刺。那么，青少年的睡眠时间究竟减少了多少呢？答案是足足一个小时！如今青少年的生活本身就充满了压力，他们每天要碰手机多达3000次，如果晚上也不好好休息，持续盯着手机看，自然就可能患上睡眠障碍。

这样说似乎有些不公平。造成睡眠不足的罪魁祸首真的就是手机吗？在挪威的一项调查中，研究人员以1万名青少年为对象，了解了他们认为适合的睡眠时长，在实际生活中每天真正睡多久，以及使用平板电脑、手机、电脑、电视的频率。调查结果与成人相同，那便是，使用数码产品的时间越长，患上睡眠障碍的概率就越高。因此，手机的确对青少年的睡眠造成了负面影响。

在英国，11 岁至 18 岁的幼儿及青少年当中，有超过半数表示自己半夜也会拿起手机看上几次。10 人中就有 1 人称自己半夜玩手机频率达 10 次之多。而对于玩手机所带来的影响，他们也都是十分清楚的，70% 左右的人表示这种行为会影响学业。睡眠障碍在女生中尤为突出，主要原因之一就是相比男生，女生花费在 SNS 上的时间通常更多。为了不错过各种推送，女孩子们总是时刻盯着手机，SNS 会不断促使多巴胺分泌。此外，在网上和他人互相攀比从而受到的压力，也可能使人难以入睡。

✪ 越沉迷于手机，越不幸福的人们

据说在过去 10 年间，向精神科医生寻求咨询或服用精神药物的青少年人数比例增加了 100%。每当看到这种报道，我心里总会产生“幸好我不是这些十几岁的孩子”之类的自私想法。同时在这 10 年间，出现焦虑及抑郁情绪的人数也大幅上升，其中年轻女孩占比最高。在斯德哥尔摩，13 岁至 24 岁的年轻女性中，每十人中就有至少一人正定期接受精神科医生的治疗，“精神科医生”还不包含一般家庭医生和私人心理医生在内。但这种情况并非只出现在瑞典，青少年的精神状况问题在世界各个国家都已凸显。在美国，过去 10 年间陷入抑郁症的青少年比例增长了 60%。

从 20 世纪 90 年代末起，美国学者每年都会大规模针对十几岁孩子的生活方式进行追踪调查。他们通常以“你今天白天都干什么了？”等提问入手，调查孩子们是跟朋友见面了、出去约会了、去喝酒了、玩数码产品了、学习了，还是做运动了，并让孩子们将这个年龄阶段可能会做的事全部写到纸上，此外，提问还包括今天心情怎么样、是否感到难过或焦虑、睡眠质量如何，等等。

尽管这样的调查结果分析起来有些困难，不过，近几年来它们都明显反映出了同一种现象。那便是使用数码产品时间越长的青少年，就越是容易产生抑郁情绪。每周使用各种数码产品时间在 10 个小时以上的人群常表示觉得自己不幸福。而使用数码产品时间在 6 小时至 9 个小时的人群，比起使用时间在 4 小时至 5 个小时的人群更加觉得不幸福。总的来说，花在 SNS、网购、YouTube 视频以及电脑游戏上的屏幕时间（screen time），都会使人情绪变得低落，根据时间的长短呈阶段性变化。相反，与人交际、享受运动或经常弹奏乐器、参加其他活动等，则有利于改善情绪。

各种研究都反映出了类似的现象。综合 60 个机构、涉及人数达 12.5 万名儿童和青少年的研究来看，每天面对电子屏幕的时间超过两个小时，患上抑郁症的风险便会更大。时间越长，风险自然也就越高。其中以 4 万名儿童及青少年为对象进行的研究显示，相比缩短使用时间的另一组人群，每天使用数码产品超过 7 个小时的一组人群患上抑郁症和焦虑症的比例多出了 2 倍。

每天 7 个小时，这实际上已经是一段很长的时间了。一天 24 个小时，除去睡觉、活动、学习和吃饭时间，充其量只剩下八九个小时。有多少青少年会把这剩下的八九个小时全都用在手机上呢？答案是 20%。我们对此也并不感到惊讶了。换句话说，在十多岁的孩子当中，每 5 名里就有 1 名在醒着的时间内，几乎将所有休闲时间都用在了数码产品上面。

然而这种现象并非只出现在欧美地区。在中国，也有研究人员以13万名儿童和青少年为对象进行过相同的调查，证实了“使用数码产品时间越长，罹患抑郁症的风险也就越大”这一结果。尤其是一天中使用数码产品超过两个小时以上的群体，发病率最高。此外也有调查表明，缩短面对屏幕的时间有助于改善情绪。但是，在如今青少年们每天使用三四个小时数码产品的现状之下，将其缩短到1个小时的建议显然是不现实的。

◎ 患上抑郁症的青少年人数大幅增长

手机真的是导致青少年出现焦虑和抑郁情绪的原因之一吗？这当然不是百分之百的，但使用数码产品时间更长的青少年们的确更容易感到悲伤和焦虑。这便又回到了“是先有鸡还是先有蛋”的问题上了。为了找出准确答案，几位研究人员针对“数码产品的使用是否会增加罹患抑郁症和焦虑症的概率”这个问题进行了研究分析。他们以4000名青少年为对象，分别进行了两次提问，每次提问的时间间隔一年，然后观察被调查者们的回答。以第一次提问调查的时间点为基准，他们发现，经常使用手机的人在之后一年里，更可能患上睡眠障碍和抑郁症，也更容易承受很大压力。这份调查结果进一步证实了手机会诱发抑郁症和睡眠障碍的说法。反过来，平时经常感到悲伤、压力巨大，或是睡眠质量不太好的人，使用手机的时间也的确更长。

从调查结果中我们可以发现另一个事实，相比幼儿，青少年的精神健康状况恶化与平时使用数码产品的频率有着更加紧密的关联。因为当十几岁的孩子在玩SNS时，几岁的孩子可能只是在玩数码游戏或观看视频。正如前面提到过的，当使用数码产品时，

SNS 给我们带来的负面影响会更大。因为我们会一直在网上和他人进行比较，并因此承受压力，最终导致自己陷入抑郁情绪。

要弄清“是先有鸡还是先有蛋”，还有另外一个办法，那便是进行长期的追踪研究并对其发展变化加以观察。研究青少年行为的心理学教授腾格翻看了 1930 年以后的所有研究资料，他表示，2012 年的调查结果明显发生了巨大变化，可以说史无前例，极为罕见。

自 2011 年起，美国青少年开始陷入了更深的孤独情绪，睡眠也变得更差了。他们中的许多人不仅不像从前一样经常出去跟朋友见面，也不怎么外出约会，酒喝得少了，甚至对考驾照这件事也提不起兴趣。同年，高价产品 iPhone 以 1.2 亿的销量称霸市场。这一年 iPhone 的总销售量相当于 2007 年至 2011 年的销量总和。此后，随着移动互联网的广泛普及，大部分青少年也都开始拥有属于自己的智能手机。

以上的调查研究结果已经为我们提供了较为充分的依据，让我们有理由怀疑，手机的确是造成青少年陷入抑郁情绪的原因之一。但实际上，当我第一次看到这些研究结果时，我甚至觉得“这实在有些杞人忧天了”。这可能就和从前我的父母那代人被录像或摇滚吓到时所产生的道德恐慌一样，也许这一切根本与手机无关。我将责任全部归咎于社会变化，尤其是在进入劳动力市场时所需的必要条件变多了。我想，可能正是因为这些压力，才让孩子们在学习中将自己逼得太紧，因而越发觉得孤独，情绪也就自然变得更低落了。

我试着更加仔细深入地剖析这一想法。大部分研究表明，相比 20 世纪 80 年代，如今青少年花在课业上的时间更少，但是将大部分时间花在学习上的孩子，会比其他孩子具备更正向的情绪。也许在某些国家，调整孩子们的学校生活目的，减轻课业压力，也能改善他们的情绪。但是，不可能全世界的学校都把教学系统修改为相同的模式。目前在大多数国家里，青少年的精神健康问题正不断恶化，出现问题的人数也在持续增加。

不过，这一切问题难道不是在2008年金融危机爆发，劳动力市场变得低迷，就业出现困难，青少年的焦虑和抑郁情绪因而加重后才产生的吗？当然这也是原因之一。然而，在青少年的心理状态出现急剧变化之前，市场和经济就已经出现过类似的动荡现象。再者，与经济条件好坏无关，寻求精神科医生帮助的青少年总体呈现增长趋势，这一趋势也覆盖了所有年龄层。举例来说，前往精神科寻求治疗的12岁至14岁青少年人数急剧增加，而这个年龄阶段的人群大概率都不太需要担心就业问题。

此外我也曾想，会不会是因为以前人们对于心理问题总是遮遮掩掩不敢开口，而在如今的社会氛围里，大家都可以坦诚表露出来，所以导致寻求心理帮助的人数增加了呢？当然这也是有可能的。如果是这样，那么为什么唯独青少年群体的增加趋势最为明显？过去数十年间，越来越多的人能够鼓起勇气诉说自己的心理问题，寻求相应的帮助了。从前在一些问卷调查中常出现受访者回答和真实想法不一致的情况，但现在都是通过匿名方式回答问题，所以人们通常都不会故意撒谎掩饰自己的心理问题。

❂ 人类史上的巨变，移动互联网

2010年至2016年，因为精神方面的问题选择求医的青少年人数越来越多。在这期间，青少年的日常生活发生了巨大变化。随着移动互联网的普及，他们平均每天的上网时间高达 4 个小时。进入现代社会后，青少年和一部分成人身上从未出现过如此广泛而快速的变化，甚至纵观整个人类历史，这样的变化都是罕见的。

前面我们已经提到，过度沉迷手机会给青少年的精神健康带来许多潜在影响。比如可能造成压力，从而导致负面情绪的产生，增加陷入抑郁的风险。在不断与他人比较的过程中，因为 Facebook 和 Instagram 的点赞数量太少，或是一举一动受到了数百名同龄人的批评，都可能让孩子们的自尊心遭到严重打击。

更重要的是，过度使用手机的行为，会“挤掉”原先有益于精神健康的好习惯，最终导致情绪陷入低谷。如果幼儿和青少年每天花费 4 个小时在数码产品上面，其他休闲玩耍和真正与人接触的时间自然就会变少，运动时间和睡眠时间当然也会被压缩。尽管对于大多数人来说，这也许并不是太大的问题，但对于那些神经比较“脆弱”，或是经常使用手机或 SNS 的人来说，则可能会造成极其重大的影响。

❂ 我们是否可以离开手机生活

如果想要了解某样东西带来了怎样的影响，只需要把这个东西拿走，然后观察接下来发生的事情就可以了。但如果这个东西是手机，则可能难以按照这个方法进行调查研究。此前有研究人员为了研究手机所造成的影响，在 10 个国家征集了 1000 名学生参与调查，结果超过一半的学生选择了中途放弃，他们全都表示

“因为很难控制使用手机的时间”。

尽管不少人放弃，但仍然有一部分人愿意尝试离开手机生活24小时，于是研究人员便以他们为实验对象，让他们叙述了自己的经历。来自智利的学生们表示，没有手机总感觉精神上很难过，都快有心理阴影了；英国的学生则发现，离开手机基本不影响自己正常生活，他们感到十分惊讶；而中国学生称，“离开大众传播工具，无法抒发心情”。总的来讲，学生们的经历都不算太糟糕。其中一名学生在纸上写道：“离开了手机，我比平时更能融入周围的环境。”另一名学生也写下：“像这一天这样，能够愉快专注地跟他人相处的时间少之又少。”

许多青少年都认为自己面对手机缺乏自制力。丹麦研究人员以部分高中生为对象进行了调查研究，结果显示，接近一半的学生表示自己过度沉迷手机。在美国，也有50%左右的青少年称自己一直太过依赖手机，由此可见，各国情况基本类似。其中女生的占比更高，达60%。研究结果陆续表明，女生在睡眠、情绪和手机依赖症等方面存在更为严重的问题。但是就像美国青少年所说的那样，我们能否把过度使用手机这种行为仅仅认定为“依赖症”呢？说不定他们自己选择了更为强烈的字眼来表达。

依赖症指的是，明知某种行为有害却无法停止，仍反复去做。接下来我将对此进行详细的解释说明。清醒时，十几岁孩子和成人们每隔10分钟就要看一次手机，这显然就是一种反复性行为；明明自身存在睡眠障碍和注意力下降的问题，却仍然每天要花两三个小时去做一些过后看来毫无意义的事情，似乎也可以称为“有害”吧？因为我们原本可以利用这些时间去学习、见朋友、做运动、读书或弹奏乐器。这是显而易见的道理，但有时也很难一口咬定。

大家不妨思考一下这个问题：能否将过度使用手机当作有害的行为？如果答案是可以，那就可以将这种行为称为“依赖症”。

我也认为这应该可以被称为依赖症。不过，美国一位医生曾在专栏里提到，我们不能因此便将手机“妖魔化”成海洛因一类的东西，或是断定手机会给孩子们带来精神上的损害。这种夸张的说法，反而会模糊手机依赖的主要成因。大家都知道，会让人上瘾的不光有海洛因。科技杂志《连线》（*Wired*）前任主编克里斯·安德森（Chris Anderson）曾经毫不修饰地将手机比作可卡因，并且表示：“糖果和可卡因两者放一块比较，数码产品更像后者。”

✪ 玩一玩有利于提高注意力的电脑游戏如何

“屏幕时间”是一个相当广泛的概念。使用 Skype 与亲戚聊天，或在维基百科查找报告所需的资料，抑或是玩糖果传奇游戏（Candy Crush Saga）、浏览 Facebook 等行为，都可以被算作屏幕时间。关于屏幕时间的正面事例也很多。例如许多青少年和成人会利用数码科技学习知识和技能，提高空间感知能力，锻炼解决问题的能力。预备飞行员和外科医生也可以运用最先进的程序，模拟操纵台或手术室里的危急情况。这类正面事例在幼儿中也可以找到。

卡罗林斯卡学院的托克尔·克林贝里（Torkel Klingberg）教授曾说，孩子和成人都可以通过电脑游戏训练自己的工作记忆。

这个方法不仅能够提升注意力，还有助于改善多动症问题。研究自闭症的西蒙·巴伦-科恩（Simon Baron-cohen）开发了一款程序，通过画着人脸的汽车（火车）的视频，帮助自闭症儿童理解他人的情感。这一方式可以吸引自闭症孩子的注意力，为他们提供识别面部表情的练习。

在此前我们曾提到，人在接触到新事物时，会产生学习的冲动，并且这种冲动十分强烈，有时很难区分是为了“追求奖赏”还是“追求知识”。如果能将这种感觉转化为动力，就可以促使我们学习各种知识——从数学到语言，再从历史到自然科学。我想要再次强调的是，我们无须将一切与数码产品相关的东西都贴上警告标签。此外，认为人类在数码产品面前能够做到自制的想法也是天真的。如果认为将手机交给一个7岁孩子后，告诉他要悠着玩，他就会照办，这显然是一种幻想。这就等同于将一袋糖果和几本漫画书放在桌上，然后对孩子说，真的很想吃糖时吃一颗就好，到了注意力涣散需要放松时才能看漫画一样，也许偶尔有几个孩子能够做到，但对大部分孩子来说都是十分困难的。

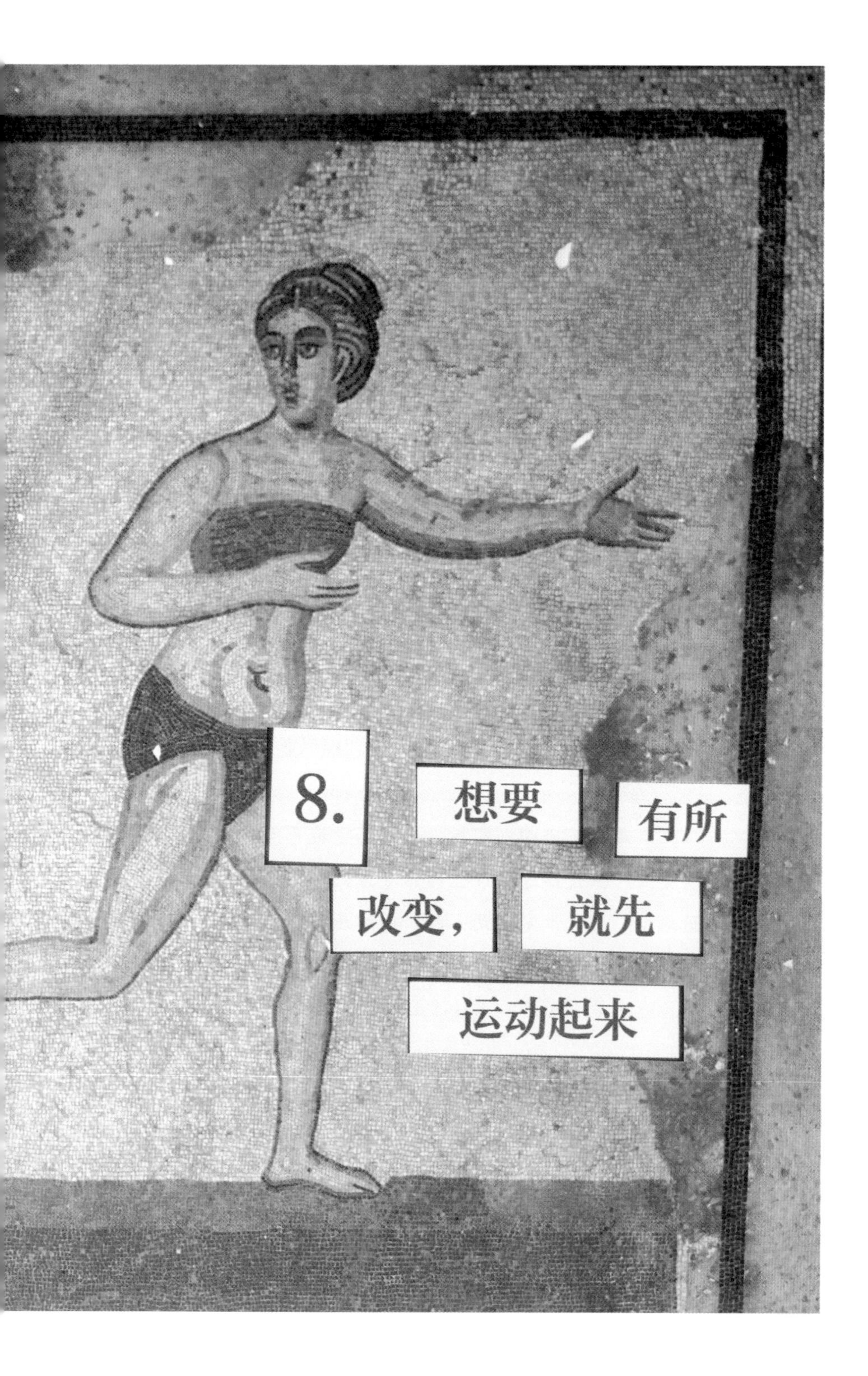
8.
想要
有所
改变，
就先
运动起来

大脑依运动而组织。如果不能理解这一点，我们就会错过很多东西。

——迈克尔·加扎尼加（Michael Gazzaniga），
加利福尼亚大学神经科学教授

当每次下班回到家时，我都感觉疲惫至极，只想瘫坐在沙发上。但我知道，最佳的休息方式应该是穿上运动鞋去外面跑步。当跑步完回到家时，所有压力都会烟消云散。不仅心情变好，内心得到平静，我的注意力也会变得更加集中。如果能更早发现这一点该多好啊。

这是一名46岁的房产开发商的亲身经历。他向我讲述了自己是如何通过运动排解压力和焦虑情绪的。我听说过上百个与此类似的故事。在医院候诊室里，在街上，在我所收到的信件和邮件中，不少人都讲述了运动是如何给他们带来幸福和积极影响的。运动究竟会给身体带来什么影响，关于这个问题的研究才刚刚开始。从目前的结果来看，我们大致可以知道，运动有助于提高我们的思维能力，使注意力更加集中、记忆力得到提升，同时增强人的抗压能力。

许多人持续承受着压力，无法很好地集中注意力，在爆炸的信息海洋里苦苦挣扎。对于生活在这个时代的人们来说，运动就是明智之举，甚至可能是最棒的选择。

✪ 信息海啸

每天生成的数据有数万亿字节，数据之大令人难以想象。但如果说，每分钟有数百万封邮件和数百万条短信被发送出去，这样听起来就没那么抽象了吧？每分钟都有数小时的视频被上传到 YouTube 上，谷歌搜索次数每分钟达百万次，推特上每分钟就有 50 万篇推文被发送出去。而在 Tinder[①] 上面，每分钟人们滑动查看的照片则有 100 万张。这个速度还在不断加快。然而需要处理这些泛滥情报的大脑，却还跟 1 万年前一样。

想要处理这些海量信息，就必须抑制自己每分钟都想去看手机的冲动，以及看到某个网页下面附带的链接时，想要点击进入的冲动。有一个名为斯特鲁普（Stroop）的评估抑制能力的心理测试。测试方法是让受试者观看表示颜色的单词，但单词字体用的是其他颜色。比如，“黄色”这个单词，其字体颜色是红色。

① 一款美国的手机交友 App，基于地理位置为用户推荐恋人或朋友。——译者注

测试时，需要尽快正确说出字体颜色“红色”，而不能说成“黄色”。也许你会觉得这并不困难，但由于测试时时间非常紧迫，实际上想答对并不轻松（大家可以在网上搜索斯特鲁普实验测试）。这个测试实行起来十分简单，最终可以让我们清楚地认知到自己的抑制能力如何。

在进行测试前做 20 分钟运动的成年受试者的测试成绩更好，这表示他更能控制冲动情绪。即使不运动，只是散步或慢跑，也能感受到效果。最好的方法是坚持几个月的规律运动。儿童也同样如此，坚持运动的孩子更能抑制冲动行为。在瑞典，多所学校应用了这一研究结果，并且已经开始见到成效。尽管每所学校的做法稍有不同，但整体来说都会让孩子们运动 15 分钟至 20 分钟，这样也不会占用正式的上课时间。不少老师、校长和家长都在不断践行这个方式。

目前关于这方面的研究成果不算太多，但《哥德堡邮报》（*Göteborgs-Posten*）和 STV 新闻已经刊登了相关研究成果，新闻标题分别为“与心率一起上升的成绩”（“Betygen stiger med pulsen”）、“上课前提高心率的运动……博登的学生们提高成绩的方法”（“Pulsträning innan skoldagen, eleverna i Boden har höjt betygen”）。孩子们在进行了运动之后，不仅学习效率提高了，做事也更加沉着冷静，注意力也变得更加集中，冲动行为也有所减少。不过，考虑到儿童和青少年的生物钟和最佳睡眠时长，建议让孩子们在课前运动 15 分钟至 20 分钟的措施实行起来并不算容易。因此有人好奇，如果将运动时间缩短至 15 分钟以下是否也能带来效果呢？答案当然是肯定的。

✪ 稍微活动身体就能见效

有研究人员以 100 多名五年级学生为调查对象，让他们坚持运动 4 周，并在实验前后对他们进行了一系列心理测验。结果显示，4 周后的受试者们不仅注意力变得更加集中，一贯懒散的态度也有所改变，大脑处理信息的速度也更快了。最棒的是，像这样活动身体，其实只需要占用极少的时间。在教室里，每天花 6 分钟就够了。很多学生会选择在课间休息时顺便活动下身体，于是便跟着健身视频运动一会儿。虽然动作难度会逐渐加大，但运动强度只相当于一场激烈的足球比赛或跳鞍马。每天短短的 6 分钟，也不会占用正常的上课时间。

虽然这个实验进行了 4 周，但实际上，即使只做一次运动也能带来效果。研究人员曾让一群幼儿和青少年玩一款名为“波斯王子”（“Prince of Persia”）的电脑游戏，最终发现，在玩游戏前活动过身体的孩子，游戏战绩更好。这个游戏是让玩家沿着复杂道路不断前进，在一些地方需要高度集中注意力。游戏前孩子们活动身体的时间并不长，但就算只是跑步 5 分钟，最后也能取得更好的成绩。在这个时代，想要提高孩子们的注意力并不容易，可实际上只需运动 5 分钟，状况就会有所改善。这对于注意缺陷与多动障碍患儿来说，效果尤为显著。

青少年和成人的注意力也能通过活动身体得到提高吗？是的。曾有一项实验让 3000 名青少年在 1 周内都随身携带计步器。结果发现，走路步数更多的人注意力得到了更大的提升。尤其在心率变快后更是如此。结合三十几份研究结果来看，我们可以得出以下结论：运动能给注意力缺乏的现代人带来正面的影响。此外，身体活动在提高我们制订计划以及转换注意力等能力上也有着十分积极的作用。十几岁孩子偶尔散散步或跑一跑，就能收获一些效果。不过，如果想要切实提高执行力，则需要坚持规律运动几周或几个月。

✪ 为什么运动能使人集中注意力

也许是因为，我们的祖先在捕猎或逃命时，最需要高度集中注意力。经过了几百万年的进化，在危急时刻高度集中注意力已经变成了刻在我们大脑里的本能。这似乎与祖先们的捕猎和逃亡经历有关。也许有人觉得，捕猎活动没那么频繁。但最近的研究表明，捕猎者一天会花两三个小时捕猎或进行其他身体活动，这可是注意力满负荷的两三个小时！

对比草原生活的远古时代，如今人类的大脑基本没有太大变化。因此在进行身体活动时，我们的注意力也会不自觉地得到强化。但是在现代社会里，我们既不需要捕猎，也不需要为了逃避野生动物的追捕而奔跑逃命，只有静静坐在书桌前学习或工作时才需要集中注意力。此时就需要利用运动刺激“来自远古”的大脑生存机制，使其最大限度发挥出作用。现在一些学校就采用了这样的方式，并收获了相当不错的效果。

✪ 缓解压力与焦虑的良药——运动

我曾见过数百位利用身体活动来激活大脑潜能的人。他们对此评价说，实际上，身体活动所产生的最好影响并非专注力改善，而是缓解压力与焦虑。

我们已经提到，9 个成人里就有 1 个人正在服用抗抑郁药物。抗抑郁药物并非只适用于抑郁症，同时也可以用于缓解焦虑。在我看来，这是一个相当高的比例了。虽然的确能给治疗带来帮助，但偶尔我还是会想，人们是不是有些过于依赖药物了。也有一些人，明明患有严重的抑郁或焦虑却抗拒服药，只靠运动这一“偏方”进行改善。

研究人员以容易感到焦虑的大学生为对象进行了测试。将他们分成两组，并分配不同的任务，让其中一组进行高强度运动（心率为最大心率的 60% 至 90%，跑步 20 分钟），另一组则做低强度运动（散步 20 分钟）。测试进行时长为两周，每周 3 次，也就是一共完成 6 次任务即可，并不算太难的测试。测试结果表明，两组学生的焦虑指数都有所降低，尤其是跑步组的学生们，降低幅度更大。此外，焦虑指数不是只在进行运动的过程中才有所降低，之后 24 小时内也始终保持着同样的状态。随着时间推移，运动效果持续得也越来越久。在结束测试 1 周后，受试者的焦虑指数仍然保持在低水平状态。

据世界卫生组织报道，现代社会，每 10 个人里就有 1 个人患有焦虑症。一个有趣的现象是，坚持运动的人通常较少感到焦虑。对于运动可以预防焦虑这件事，大家还感到难以理解吗？从 700 名患者的 50 多份研究结果来看，对于已经确诊焦虑症或日常容易产生焦虑情绪的患者而言，身体活动和运动可以有效防止病情恶化。与此前的研究一样，心率变快的人感受到的效果也最明显。

✪ 应对压力的安全气囊

对于压力大或患有焦虑症的人来讲，运动能够减少痛苦。许多人听了这话都很震惊。大部分人会认为，休息才会带来这样的效果。在人类历史上 99% 的时间里，压力都与“战斗还是逃跑”的危险处境相关。无论选择哪一条路，都需要具备良好的体力，这样存活下来的概率才会更高。身体素质好的人，即使不完全启动压力应对系统或拉动“恐慌手刹”，也能顺利逃生。

从在草原生活到现代社会，我们的压力应对系统都没有太大变化。因此，就像在从前能够更加顺利地躲避狮子一样，如今，那些体力好的人也能够更好地面对压力源。对于经常跑步运动的会计师来说，就算临近清算日，他们也不至于因为受到压力而崩溃。其背后就是生物学上的原因。压力应对系统形成于“面对野生动物时究竟是逃跑还是战斗”那个古老的时期，也就是说，如果有良好的身体状态支撑，会计师便不太容易焦虑，因而在看季度报告和做演讲时，并不一定需要启动压力应对系统。

如上所述，焦虑会在威胁来临之前启动压力应对系统，就像拉响火灾警报器一样。同样的进化逻辑也适用于此。体力好的人即使不启动压力应对系统也没有关系，因为自身已经做好了应对攻击或随时脱身的准备，所以不会产生太大焦虑。

如果认可体力好的人的确更能应对压力，那么，“运动可以提高人们的抗压能力”这一解释看起来便很合理了。不过，目前能够证实这一说法的相关研究报告尚不充足。试着想象一下，从距离自己 5 米远的地方传来了一个声音，这声音越传越近；同样是从距离自己 5 米远的地方传来了另一个声音，但声音越传越远。两个声音的音色、音量和初始位置都相同，但是在想象声音越传越近时，我们就会觉得那个声音更大且离我们更近。

这种听到的声音和实际的情况不一致，就是认知偏差（cognitive bias）导致的。渐渐靠近我们的声音有可能是种威胁，此时为了躲避危险，大脑令我们感觉听到了更大的声音，这一模式也通过进化固定下来。某项实验显示，在身体状态良好时，不管声音源是靠近还是远离，人们所能感受到的声音大小基本是相同的。因为此时，不管是什么东西在靠近，人们都可以快速逃跑，不需要像身体状态差的人那样“歪曲”听觉信息。

体力不同，感受到的声音大小就不同，这种现象也反过来印证了“体力好的人无须随时激活压力应对系统”这一观点。在“锻炼身体可以预防压力”这个说法上，进化论是十分站得住脚的。

❂ 我们运动得越来越少

运动有利于提高抗压能力，改善现代人普遍存在的注意力低下等问题，帮助我们适应数字时代的生活。但在现实生活中，我们却渐渐不怎么做运动了。一些部落还保留着原始农耕社会的生活模式，在对他们进行了研究之后我们推测，祖先们每天走路的步数为 1.4 万至 1.8 万。而如今的我们每天可能走不到 5000 步，并且这个数字每隔 10 年就会表现出下降趋势。相比 1990 年，做运动的人占比整整减少了 11%。现代社会接近一半的成年人几乎不做运动，身体健康正因此面临着威胁。青少年的状况更是糟糕，与 20 世纪末相比，14 岁男孩和女孩的身体活动量分别减少了 30% 和 24%，这样的幅度史无前例。那么，造成这个问题的“罪魁祸首”是什么呢？答案就是“屏幕时间”。

✪ 做多少运动最适合

那么，为了开发大脑潜能，成人和幼儿需要做多少运动呢？为了找出这个问题的答案，以色列一些研究学者对 5000 多份关于“运动会给人们的思维能力带来什么影响”的研究进行了分析，这真的是一项很费工夫的工作。在对 5000 多份研究结果进行筛选后，人们抽取了不到 100 份较为缜密的报告。整理后的结果如何呢？毫无悬念，结果显示，运动的确能给我们的思维能力带来正面的影响。散步、瑜伽、跑步和肌肉运动等都会产生积极效果。坚持运动之后，大脑思考速度的提升最为显著。因此，如果能够多多活动身体，我们的思维就会变得更加敏捷。

如果在 6 个月的时间内能至少进行 52 个小时的运动，效果便会达到最佳。也就是说，1 周需要运动两个小时。拆开来看，1 周 3 次，每次运动 45 分钟即可。尽管并不是运动时间越长就能对大脑产生越好的影响，但至少运动得越多，身体就会变得更好。站在脑科学的角度来看，只要能够坚持每周运动两个小时，效果就会在某个时刻开始显现。因此，马拉松也不一定非要跑完全程。

如果能够提高心率，大脑就能收到更好的效果。但就算只是慢悠悠地散步，也能够带来令人惊喜的效果。如果可以试着尽量提高心率，那更是锦上添花了。

我们的身体状态真糟糕！

大家可以试着想象一下，自己跟直系祖先见面时的场景。若是爸爸的爸爸的爸爸的爸爸的爸爸，或妈妈的妈妈的妈妈的妈妈的妈妈呢？穿过漫长岁月回去和几千年前的人面对面，在见到他们之后，大家一定会感叹祖先们的体格为何如此强壮。也许大家平时都没有察觉到，我们的身体状态其实非常糟糕，比祖先们要糟糕不少。

在对7000多年前的大腿和小腿遗骨进行分析后我们发现，当时普通人腿部的组织、质量和强度，竟然仅次于现在的长跑运动员，而得到了充分锻炼的捕猎者，其腿骨状态甚至超越了现代最优秀的运动员。剑桥大学的科林·肖（Colin Shaw）教授称，我们祖先的身型跟“怪物”差不多，并评价现代人的身体状态“糟糕至极”。

科林·肖还说，身体活动的减少是骨组织逐渐退化的主要原因。坐得越久，运动越少，骨密度就会变得越低，骨头强度也会不断变差。换句话说，由于这个时代人们身体活动量空前减少，因此大部分人都面临着大脑和身体同时退化的双重危机。

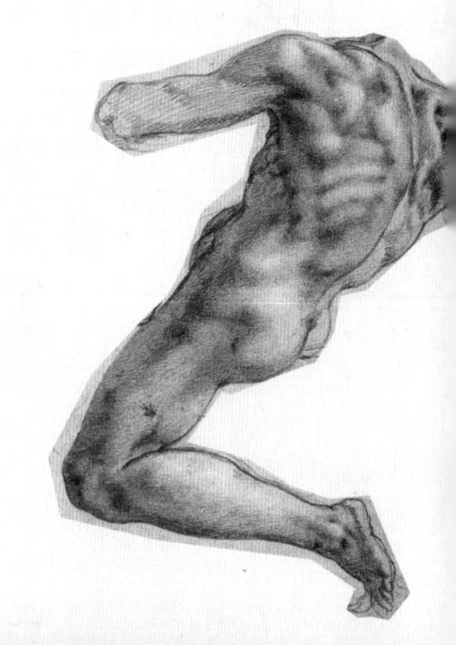

9. 大脑至今仍在持续变化着

硅片会改变一切，除了重要的东西以外的一切。

——伯纳德·列文（Bernard levin），

《时代》杂志（*The Times*）1978 年 10 月 3 日

前面已经分析过，手机会对我们的记忆力或注意力等思维能力造成影响，也提到了久坐不动或睡眠不足等现代生活方式会与手机一样造成恶劣的后果。那么，生活在现代社会的我们正在逐渐变笨吗？不对，人类不是号称自己越来越聪明了吗？这话是没错的，但只是从长远的观点来看如此而已。

过去 100 年间，西方人的平均智商提高了 30 分。第一款现代智力测试发明于 1900 年初，当时的平均智商分数与现在一样，是 100 分。但是随着人类变得越来越聪明，测试难度有所提高。因此如果今天在智力测试中拿到 100 分，就相当于 100 年前的 130 分，在当时属于最高智商值，仅占总人口的 3%。同样，如果是在1900年初的测试中得到了100分并得到“能力一般”的评价的人，在今天的测试中或许就只能拿到70分，差不多处在“正常与智力缺陷的交界”。

因此，并不是说100年前的人们就比现在的我们更笨。他们和我们一样，在自己所处的时代完全能够正常生活。而我们智商看似提高了，则是因为我们得到了更多的和抽象思维和数学思维相关的训练，其中最重要的是接受了更高水平的教育。在瑞典，现在有一半的人拥有高中学历，而在100年前，大部分人只读到七年制小学毕业为止。另外，现在的职业性质也更加复杂多样。以我自己的职业为例，在100年前，医生可以使用的药物种类并不多，当时甚至还没有出现抗生素。但现在，可以获得的药品就有几千种，医学知识也变得更加广泛，没人能够完全掌握。

✪ 我们逐渐变低的智商

我们一步步迈向了职业多样、必须接受更长时间教育的世界，需要不断发展自己的抽象思维能力，同时训练智力测试里会“考到”的思考能力。每个时代都会出现人们的智商提高的现象，这被称为“弗林效应”（Flynn Effect），是以新西兰的詹姆斯·弗林教授的名字命名的。但是，之所以会产生弗林效应，并不完全是因为我们的生活逐渐变得数字化。从1920年起，每10年智商就会表现出提升的趋势，但当时可没有出现电视或网络这些东西。

自1990年后，詹姆斯·弗林教授发现了一些令人感到担忧的事情。在斯堪的纳维亚半岛，当地人的智商上升幅度变小了不少，平均智商甚至开始有所下降。尽管每年 0.2 分的跌幅不算严重，但长期持续下去，在经过一代人之后，斯堪的纳维亚半岛内所有国家人民的平均智商就会下降 6 至 7 分，这是十分惊人的。当时弗林教授曾推测，在其他国家可能也存在类似的现象。

弗林教授表示，智商逐年下降可能是因为，现在学校的课程难度大大降低了，作业量也减少了很多，但我们仍然与二三十年前一样，不重视发展学生的理解能力。他还补充道，运动量的减少也会带来一些影响。再加上身处信息爆炸的环境，我们的脑子确实可能“不太够用”。

❂ 我们的大脑仍在不断变化着

在伦敦搭乘出租车时，就算没有地图或 GPS（全球定位系统），司机也能准确认路，这一直都令我感到惊讶。因为道路系统相当复杂，看起来也没有什么规律可言。但这不是因为我运气好，每次都能遇上驾驶经验丰富的司机。事实上，在伦敦，想要成为出租车司机是一件非常困难的事情，必须熟记 2000 条以上的街道和超过 5000 个的地点。必须掌握的知识点太多，甚至连出租车从业资格考试都被取名为“知识”（Knowledge）。许多人会为此备考好几年，而每次都有一半的人考不过。

要学习的知识是如此广泛，它甚至令大脑中产生了可测量的变化！备考“知识”考试前，预备司机们的大脑结构与普通同龄人的基本一致。但研究结果表明，预备司机们储存记忆的海马会有所“成长”，此后通过了考试的司机们的海马也会变得更大。特别是被称作“后海马”的海马后部也得到了发展，这个区域是掌管空间感知能力的部位。而对没有准备“知识”考试的其他同龄人而言，海马大小并没有出现太大变化。

“学习会让海马得到发育，体积增大”，这就意味着大脑是可以改变的，可塑性极强。为什么出租车预备司机在学习伦敦道路信息时海马会变大，研究者们已经有了头绪。在没有 GPS 的陌生环境里驾驶时，司机大脑的海马和额叶会被激活。海马对于记忆力和空间感知能力起着重要的作用，额叶则会在我们做决定时产生影响。比如站在有几个通路的交叉路口时，大脑的这两部分就会变得异常活跃。而如果一边看着 GPS，一边跟着“前方 20 米处左转”或“请进入环岛后右转”之类的提示驾驶，大脑海马和额叶就无法得到激活。因为大脑为了节省能量，不会在非必要的情况下浪费脑力去思考。这就意味着，不经常动脑思考的话，我们就有可能丧失一部分思维能力。对大脑来说，这便是用进废退。

我们在很多方面都依赖手机和电脑，久而久之除了认路之外，也许还会失去其他抽象思维能力。但与此同时，在这个过程中，我们不也可以学习到一些其他的有用技能吗？有了 GPS 指路，我们就可以在驾驶时听听播客，或集中精神去思考工作中出现的一些问题。我想这也是事实。不过，我们不可能将生活的一切都交付给电子产品和科技。人生在世，需要掌握一些特定知识，也应该带着批判质疑的态度去处理外界的信息。身处日益复杂的时代，我们更加需要保持这样的态度。现代社会已经不同于以往，虽然它似乎使人类变得越来越聪明了（弗林效应），但由于我们将太多该动脑思考的问题交给了电脑和手机处理，这样的行为也可能使我们变笨。这说不定就是生活在斯堪的纳维亚半岛的人们智力下降的原因。

不少学者们都预测，在未来，自动化科技和人工智能可能会导致许多职业种类消失，而留存下来的也许就是考验注意力的工作。讽刺的是，在数码时代，人类最应该具备却正在逐渐减退的能力，正是注意力。

✪ 技术发展和精神障碍的问题

> 现代技术会将我们推向信息的洪水之中，让思考变得更加复杂。

瑞士研究者康纳德·格斯纳（Conrad Gesner）在很早之前就曾警告过，现代技术可能给我们带来很多负面影响。这的确是超越了时代的认知。他生活的16世纪初，人们还在使用活字印刷术，手机和电脑是人们难以想象的事物，而他竟然已经预见到了未来。19世纪，随着铁路的普及，也有一些预言家曾警告世人，可能会出现“晕车”的问题。时速超过30千米的移动工具对当时的人们来说是陌生的，会导致人的情绪变差，甚至觉得想吐，严重时还可能危及生命！二三十年后登场的电话机也一度被认为是魔鬼的发明，使用者会遭到雷劈，被恶魔拖走。由于人们过于害怕，使得数据交换中心在很长一段时间内都招不到接线员。20世纪50年代，又有“传言”说电视具有催眠效果，于是人们又开始恐惧起电视来了。

数码生活会给大脑带来怎样的影响？如今我们的种种担忧，听起来也许就像“电话机里住着恶魔”“电视具有催眠效果”，或是预言家们曾大声疾呼的“新技术带来的变化就意味着末日审判!”等言论一样毫无依据。但我们不妨认真思考一下这些话。给大家举一个例子。现代社会，新技术是无处不在的，我们一天24小时都与新技术“生活在一起”，而在此前的世界，尽管新技术已经出现，但却没有人会每天坐六七个小时的火车，也没有人能够每天打6个小时的电话，当然也没有人随时随地都在看电视。可今天的我们却手机不离身，无时无刻不在使用电脑。这是前所未有的一个现象。

大脑对自己生活的世界有着惊人的适应能力，它具备高度的实用性和可塑性。所以，一天24小时都被数码生活方式包围的我们，怎么可能不受到巨大的影响呢?

❂ 没时间研究了!

数码生活方式会给人们造成怎样的影响?不少学者都在对此进行研究。新的研究结果数不胜数，阅读时我常感到眩晕。这里有一个问题十分重要，值得我们思考。那就是，每一项研究都需要耗费漫长的时间。从开始计划到招募实验对象，再从分析数据到将研究结果发表到学术期刊上，通常至少需要花费四五年的时间。这就意味着，今天我们看到的大部分研究报告，最早可能在2013年至2014年便已着手准备了。而时至今日，我们倾注在数码产品上的时间早就今非昔比了。

相比研究进行的速度，数码技术发展的速度显然更快。如果想要看到最近的研究成果，应该需要等到2023年了。而到了那时，技术也不知道又发展到什么地步了。按照目前的趋势来看，将来我们使用手机和电脑的时间只会越来越多。而如果想要看到 2023 年的研究结果，则至少需要等到 2027 年了。

因此我认为，我们的确需要对此加以注意。如果孩子或我们自己表现出离不开手机或电脑的倾向，可能就要警惕“上瘾”的问题了。睡眠越来越差，情绪越来越焦躁，注意力一天比一天差，每天至少要玩 3 个小时的手机……如果出现了这些问题，那就别管现有的研究结果如何，赶紧先把手机放到一边吧。

我们正在逐渐失去什么

正如前面所提到的那样，注意力容易涣散是人类的本能。手机简直是人类这个弱点的“天敌”。

“你说 Facebook 取代了狮子，成了会让生活在现代社会的我们分心的东西，可这样一来，我们不是越活越回去了吗？”

当我在演讲中提到新的数码世界会让我们的注意力更加分散时，有听众提出了这样的问题。这可以说是一个非常帅气的问题。事实上，这位听众的想法也许是正确的，但也忽略了一些重要的东西。

通常只有注意力高度集中的人，才能为人类社会带来大规模的文化、技术、学术等方面的进步。相对论的提出，遗传分子的发现，甚至那带走我们注意力的苹果手机的研发，都需要倾注难以想象的高度注意力，这都是需要超越自我才能实现的。如果你在运动、乐器弹奏、编程、新闻报道或料理方面取得了杰出成就，我想你一定也付出了无限的努力，倾注了大量的精力和专注力。

“不管怎么说，最终我们都会适应新的数码生活的吧？”这位听众再次提问，似乎没有理解我的回答。活字印刷术、钟表等各种技术装备，不仅改变了我们的工作方式和沟通交流方式，也让我们的思考方式变得与以往不同了。如今我们的数码生活也可能带来这样的影响，但这并不意味着一切都会自动朝着好的方向发展。

作家尼古拉斯·卡尔（Nicholas Carr）就活字印刷术是如何在各个层面帮助我们集中注意力这一点进行过说明。他认为，阅读书籍的人，会在瞬间闯入他人的想法和思维中去，将精力集中在书本内容上，而互联网却恰好与此相反。相比深入思考，它会让我们变得更加喜欢追逐新鲜事物，快速不断地为我们注入多巴胺，最终使得我们停留在一切事物的表面。

✪ 我们仍然处于进化的过程中吗

是的，如今的我们仍然在不断进化着，进化过程还在继续。实际上，进化是不会真正停下来的。不过，目前人类的进化速度可能比从前缓慢了不少。这一推测说来让人有些悲伤，但搞不好是事实。因为进化会把那些无法在特定环境中得到“好处”的个体淘汰出局。拥有这些特质的群体总是难以生存下来，也无法将基因留传给后代。北极熊的毛之所以会越来越白，就是因为那些没有长出白毛的个体死亡率越来越高。书的前半部分中介绍过的那位对热量有着强烈渴望的玛利亚之所以能把自己的基因遗留下来，也是因为在那个时代，饿死是非常常见的事情。对摄入热量缺乏渴望的人死了，拥有这份渴望的人留存了下来，经过数千年之后，这份渴望成了人类的某个普遍特征。

那么，如今的我们最终也会进化出“更有利于打字的”大拇指和与生俱来的理解编程语言的能力，从而适应自己所处的数码世界吗？我并不这样认为。虽然进化会让那些有利于生存和繁殖的特征成为一种普遍，并淘汰掉不具备这些特征的那一批人。但今天人类的生存本身就不存在太大问题。全球平均寿命在短短200年时间内从30岁提高到了70岁左右，不得不说这真的令人感到吃惊。试管技术的发展也使得那些无法生育孩子的人们拥有了自己的后代。从生物学角度来看，这一切的一切实际上都意味着“进化受到了阻碍”。这就是说，人类不太可能进化出“天生就能理解编程语言”的能力。因为即使不具备这样的能力，我们的生存也丝毫不会受到威胁。这也算是一种幸运了吧，因为我自己就不具备这种能力！

那么，如今的人类不会再有所进化了吗？倒也不是这么绝对的。最近几十年间，遗传工学取得了前所未有的进展。我们开始了解遗传因素如何影响着人们患上疾病的概率，以及对我们的心理健康、人格特质、肾脏、头发颜色、外向与否、是否带有神经质特质等各方各面都有着怎样的影响。随着知识水平的暴涨，遗传因子改变的技术也得到了发展。利用这一技术，人类就可以将对基因的剪辑或复制粘贴变为现实——就像我们在word上处理文字那样！这样的技术也许可以将存在致病风险的基因改变或去除。这自然是十分正面的例子。但实际上，这其中的界限却不是那么的分明。

例如，智力的确很大程度上是受基因影响的，但它其实是由上百个基因决定的，并不存在某一个特定的“智力基因”。如果改变一部分的基因可以让孩子的智力得到提高，准爸爸准妈妈们当然会十分欣喜。尽管在今天，这一技术还不被允许，实施起来也并不现实。但在不久的将来，至少技术层面上将变得可能。

也许将来遗传工学会被广泛运用于改变人类的特质。从身高到个性，从运动细胞到智力方面，都可能得到“人为的”改变。进化被操控，逐渐变得“非人类化”，不少人都害怕真的出现这样的“新人类”。如果可以乘坐时光机穿越到几千年后的世界，你希望见到怎样的人类？我还是最想遇到像你我一样的，普通人类。

❂ 我们真的变得越来越抑郁了吗

我在前文中不断提到，随着数码生活方式的普及，精神健康亮起红灯的现代人越来越多了。哈佛大学研究组表示，全世界人类的精神健康已经日趋恶化，到了2030年，可能需要花费16万亿美元来解决这个问题。目前看来，这笔资金大约可以挽救1350万人的生命，但事实上，至今仍然没有一个国家能够真正良好地解决国民的精神健康问题。哈佛大学的维克兰·帕特（Vikram Patel）教授表示，“世界上没有一个疾病是像精神疾病那样被忽视的”。

瑞典人的心理健康问题也一天比一天严重了。目前瑞典有大约100万的成年人在服用抗抑郁类药物，相比20世纪90年代增加了500%至1000%，而被诊断患有精神疾病或正在服用药物的年轻人则在10年间增长了2倍之多。人类真的变得越来越抑郁了吗？事实上这个问题我们很难给出确切的回答。世界卫生组织的数据显示，相比1990年，2016年感到抑郁的瑞典青少年人数并没有增长。这似乎又意味着，人类并没有真的变得比从前抑郁，只是今天的我们更加容易因为一些小的问题而寻求帮助，或是受一些正常情绪的影响而去医院接受治疗。究竟应该相信哪一种说法？我更加倾向于“感到抑郁的人数的确比从前增加了不少”这一立场。当然我也不否认，有部分人会因为一些人生在世必然要体验的情绪感受而前往精神科寻求帮助。

在我上高中的20世纪90年代，“看心理医生”这件事是难以想象的，当时的我们想起这件事，脑子里出现的都是穿着精神病服，被关在狭窄房间里的画面。所以当时尽管很多人心理健康出现了问题，也没能得到解决。如今人们都乐于寻求帮助了，这是一个很好的现象。受此影响，自20世纪90年代以来，瑞典的自杀率降低了30%。

✪ 快乐不是理所当然的事

人类不会本能地感到快乐。在从前的世界，有一半的人类在10岁之前死去，平均期望寿命仅为30岁，造成人类死亡的主要原因甚至不是癌症或心血管疾病，而是感染、饥饿、被杀害、意外事故、野生动物袭击等。在这样的社会，感到焦虑不安和神经紧绷，本身就能给生存带来帮助。我们的祖先不可能泰然自若地走在路上，心里想着一切都很好，假装看不见那些可能让自己丧命的蛇、狮子或危险的邻居。他们在时刻观察四周，对潜在的危险保持着高度的警惕。这在今天的我们看来，实际上就是一种“焦虑表现”。也就是说，相比安稳舒适，我们的祖先更多会感受到不安。想一想火灾报警原则和情绪感受是如何操控我们做出各种行动的吧。

一般来说，动物会在既定的环境中，逐渐演化出符合环境的特质，以此来提高自己生存的可能性。这就是所谓的“进化压力”（evolutionary pressure）在起作用。为了藏身于漫天白雪中，北极熊进化出了一身白毛，为了能够更好地行走在阿尔卑斯的悬崖峭壁中，山羊进化出了“合适的”蹄子。在这个过程中，“进化压力”一直在发挥着作用。然而，“进化压力”并不会促使我们变成快乐的人类。这是因为，“快乐”并不会提高我们的生存概率。对于人类来说，真正起作用的是“强者才可以生存下来”这一原则，它会让我们采取避开危险或斗争的行动。因此相比愉快和平和的情绪，焦虑和抑郁感受可能是更有利的。

“明明一切都很好，为什么我却觉得不高兴呢?”也许不少人都存在这样的疑问。这其实是因为，对于长久地感到快乐这件事情，大自然并没有赋予它太大的价值。在吃到美食时、与朋友见面时、享受性生活时，或是升职加薪时，我们都会感到一时的快乐，大自然将我们“设置”成了这样的模式。但是这种快乐很快就会被进一步的欲望所取代，我们总是渴望更多的美食、性爱，更高的职位、薪水。这其中当然也存在一定的理由，那就是“为了让人类不断行动起来”。

“昨天饱餐了一顿，今天就随便吃吃好啦”“去年冬天就很暖和舒适了，今年冬天应该也不用担心吧”，我们的祖先不可能出现这样的想法。因为他们当中 99.9% 的人一直面临着饥饿、对未来的生活毫无把握。对于现在这个信息爆炸的时代，人类适应的时间还太短。因此尽管已经没有必要，我们仍然十分容易感到焦虑，总是难以放松神经。

看到这一节的小标题，正在读书的你是否陷入了沉默呢？我完全理解你的沮丧。但是，我们也没有必要因此自暴自弃，将书扔在一旁。我想告诉大家的是，我们并非一定会变得不幸，这也并非人类逃避不了的命运。我们完全可以通过合理安排睡眠，做各种运动，建立良好的社会关系，适当地接收压力，减少炫耀和攀比等举动来让心情变得愉快舒适。对我们来说，真正重要的就是预防精神健康出现问题，而不是出现问题之后依靠药物解决。精神类药物的确是有帮助的，但我并不认为 9 个瑞典人中有 1 个人必须要服用，也不是说没有任何东西可以取代药物。

焦虑和抑郁是人生的一部分，是曾经帮助人类存活下来的东西，但这并不意味着我们就应该忽略随之而来的巨大痛苦，将其视作理所当然。近视的人不会想着“人类视力一直挺差的，无所谓，近视挺好的”，而是会去配一副眼镜来解决问题。我们也不能说“反正人类从古至今都不快乐，现在这个状况你就认了吧”，而是要积极寻找方法转换心情，帮助那些感到抑郁和焦虑的人摆脱困境。“我们真的比 20 年前更抑郁了吗”这个问题可以慢慢琢磨，重要的是，不能认为痛苦是大自然赋予人类的，或我们与生俱来、本就应该承受的东西。

❂ 网络会让我们变成傻瓜

在最近几年的晚间新闻中，时常能够看到类似于“网络正在把我们变得愚蠢又抑郁”这样的头条报道。其实问题不止这么简单。“数码化”是人类经历的规模最大的社会巨变，不少事情都还处在起始阶段。在未来的几十年间，世界会变得更加高效，超乎我们的想象。我们可以将数码化与发生在 300 年前的工业革命做一个比较。随着工业革命的深入，人类提高了粮食产量，死于饥饿的人大幅度减少了。生活在18世纪初工业革命之前的农民们，会将实际收入的一大半用于一日三餐，但最终每天能够摄入的热量也不过1800卡左右。今天我们平均每天摄取的热量则为2000卡左右。这就说明生活在18世纪初的农民，尽管花费了一大半的收入，也不一定能够填饱肚子。

让我们再次回到300年后的今天来看一看吧。全球大部分地区已经摆脱了饥饿的问题，这意味着上百万人的生命得到了挽救。然而，如果从一个批判性的角度看，我们又陷入了热量过剩的问题之中。明明可以预防肥胖及其带来的后果，却并未有所行动，导致营养过剩成为人们死亡的主要元凶之一。相比饿死，现代社会因为吃太多而死掉的人要多出不少。

正如热量会给我们的健康带来好处和坏处一样，数码化也同样是把双刃剑。只需动一动手指就可以获取全世界的信息，这对我们的祖先来说是做梦也想象不到的事情。身处数码时代，我们可以更加有效地发挥各种能力，尤其是人类的创造力。然而，如果我们每天都要摸上几千次手机，就无疑是给大脑投入了一颗炸弹，一定会有恶劣的后果随之而来。人们的注意力越来越涣散了，我们顺应着这种涣散，甚至在没有分散注意力的事物时，也无法集中精力。短信、Twitter、Facebook等带来了越来越多的碎片化信息，我们对于系统化知识的接受能力越来越低。人类面临着史无前例的时代性问题。

一定要懂得“聪明地”使用数码设备，明白其中的问题所在。否则我们就会像适应膨化食品带来的毫无营养价值的热量一样，陷入渐渐适应数码时代的危险之中。手机既可能成为一种加持，也可能将我们拖进泥潭。

10. “自然的”并不一定就是好的

我们目前生活在一个与进化的方向截然不同的世界。大脑仍然徘徊在狩猎采集的原始社会，时刻对四面八方保持着高度警惕。我们容易受压力影响、感到注意力涣散，因此进行多任务处理的能力也变得很差——即便数码时代可以在很多层面上带来帮助。如果能够认知到这一点，我们的情绪和能力都可能得到不少提升。

这也是我撰写这本书的理由。通过对大脑和生物学基础知识的不断了解，我们可以理解那些乍一看似乎很奇怪的东西。为什么长期的压力会对我们的健康产生如此毁灭性的后果？为什么过度使用手机会让我们对周围的环境不感兴趣？在期盼他人给自己的Facebook、Instagram点赞时，大脑的奖赏系统是如何运转的？运动是如何帮助我们缓解压力的？当把手机摆放在面前时，为什么我们难以进入深度睡眠？这些问题都可以帮助我们更好地理解大脑、人类历史与现状。

不过，这里有一个值得我们认真思索的问题。大家一定都看到过“像原始人一样吃饭，变得健康起来吧”“像原始人一样生活，变得健康起来吧”之类的书名吧？它们都主张远古的生活方式对我们来说是最自然、最有利于健康的。然而这种说法其实是陷入了自然主义谬误（naturalistic fallacy）的圈套。不能仅仅因为我们的祖先过着“自然的”生活，我们就顺理成章地将其视作更好的选择。祖先们一旦发现食物就会将它们吃得一干二净，这对今天的我们来说并不是好的“榜样”。

不那么“自然的”东西并不少见。比如可以想想避孕工具。如果是处在“自然的”状况下，性生活之后人就可能怀孕，但今天我们可以通过避孕工具阻止这一情况的发生；如果是处在“自然的”状况下，人就可能因为心律不齐而死亡，但今天我们可以通过心脏起搏器避免这一后果。从进化论的角度来看，所谓“自然的东西”，是不好也不坏的。

大家都知道，我们可以通过身体活动来提升注意力，加强抗压能力，同时强化记忆力。这是为研究结果所证明过的事实，并非通过祖先们的身体活动比今天的我们多而推断出来的——我们无法对此做出推测。研究结果也已经证实，过度使用手机会让我们的注意力变得涣散，出现难以入睡、压力过大等问题。但由于祖先们没有手机，我们同样无法对此进行推测和比较。我们为什么会这样行动？人类的本性究竟如何？进化论的观点可以帮助我们加深对这些问题的理解。

大家可能已经发现了，我并没有在书中揭示出某个正确的答案。今天我们的行为变化速度之快，是从前任何一个时代都不曾出现过的，并且变化速度仍在不断加快。面对这样的世界，我们应该问自己哪些问题？我在书中便抛出了这些问题。

许多通识类书籍都会整理出一些重要内容，本书也不例外。为了能给予读者帮助，使大家更加深入详细地了解一些知识，我将成书过程中参考过的所有研究资料都附在了书的最后。

此外，我也增加了一些具体的内容，希望帮助读者朋友睡得更好，调节糟糕的情绪，提高注意力，尽可能减少数码时代带来的负面影响。

附　录　献给旅行在数码世界的人们的安全手册

应该做到的基本事项

检查使用手机的时间。可以下载一个 App，来监测自己有多频繁触碰手机以及使用的时间有多长。这样可以清清楚楚地看到手机究竟“偷”走了我们多少时间。认知是变化的第一步。

购买闹钟和手表。有的事情就不必托付给手机了。

每天关机 1 小时至 2 小时。告诉身边人你已经决定每天关机 1 小时至 2 小时了，这样他们就不会因为你没有回复信息而感到烦躁或生气。

关掉所有的待办事项提醒。

将手机设置成黑白背景。非彩色的界面会让多巴胺的分泌减少，多巴胺减少分泌之后，我们想滑动屏幕的迫切感也会降低一些。

开车的时候将手机调至静音。这样可以减少事故发生的概率。短信或电话可能在重要的时候夺走我们的注意力，我们不应该在驾驶途中进行处理。

在工作中

如果是在处理需要高度集中精力的事情，就将电话放置在别处，不要放置在手边。

规定一个专门用来查看短信和邮件的时间。例如每小时拿两三分钟来进行处理。

在与人相处时

跟朋友在一起时，将手机调至静音，并放置在稍微远一点的地方。将注意力集中在对方身上。这样才会收获愉快的相处时间。

看手机这个行为具有传染性。当你决定不看手机时，就会产生多米诺骨牌效应，其他人也才会做出跟你一样的举动。

给孩子们的建议

不要将手机带进教室！手机一定会妨碍学习。

减少对着电子屏幕的时间，做些其他活动。以分钟来计算可能难以实行，但如果一定需要规定一个时间，成人或儿童每天使用手机和面对显示屏的时间都不应该超过2小时。这意味着除去睡觉、吃饭、出勤和上下学的时间，在醒着的时候，已经有1/7的时间是面对着手机或显示屏的！8岁以下的孩子每天将时间限制在1个小时内最佳，同时应该做一些其他的娱乐活动。可以将做作业、运动、见朋友的时间都规定好。

给孩子做出榜样。我们是在相互模仿的过程中不断学习的。孩子会模仿大人的行动。

睡觉时

准备阶段，至少提前1个小时**关掉手机或笔记本等电子设备**。

对于神经敏感，会被一点小小的问题影响睡眠的人，**则不应该将手机放在卧室**。如果需要早起，使用闹钟即可。

如果的确需要将手机放在卧室，则应关掉不必要的闹钟，将手机设置成静音模式。

不要在躺下后查看与业务相关的邮件。

压力问题

检查自己是否出现了压力相关的症状（具体表现为哪些症状，请翻阅本书的第041～042页）。但需要牢记，这些症状也可能不是压力引起的。不确定时请前往医院就诊。

身体活动和大脑相关问题

一切的活动都对大脑有益。同时，增加心跳次数是最为有利的。当然这也不是说一定要跑完一场马拉松才算数。对大脑来说，只是散步也能带来很多益处，如果能让心跳加快，那就再好不过了。最重要的是实践。

如果希望通过身体活动，尽可能地释放压力，提升注意力，可以每周运动3次，每次45分钟，要运动到出汗、气喘吁吁为止。

SNS相关问题

只关注那些你想多多沟通交流的人。

仅将SNS视为沟通交流的工具。积极回应他人的留言，培养起良好的归属感和亲密感。

将手机里的**SNS卸载**，只在电脑端使用。

致 谢

美国癌症专家兼作家悉达多·穆克吉（Siddhartha Mukherjee）曾说，自己是为了思考而写作的。如今我深刻理解了他说的话。在写作的过程中，我清楚地看到了自己一些推论和逻辑上的漏洞。在我看来，跟明智的人谈论一些问题，也像写作一样为我带来了帮助。因此，我想要向以下这些人致以诚挚的感谢，谢谢你们在成书过程中以多种方式给予我的灵感。排名不分先后。

伯恩·汉森、凡尼亚·汉森、奥拓·安卡勒科罗纳、马茨·托伦、古斯塔夫·所德斯特罗姆、塔希尔·贾米尔、马汀·洛伦佐、米娜·通伯格、丹尼尔·埃克、西蒙·伽罗、卡尔·约翰·桑德伯格、卡尔·托比森、马鲁·冯·西佛斯、克里斯托弗·阿尔伯、乔纳斯·彼得森、安德斯·伯恩森、维维卡·于贝里、艾尔维拉·卡尔鲍姆、杰奎琳·列维、雨果·拉格坎茨、迈克斯·泰格马克、奥利·帕勒雷夫、尼可拉斯·尼波格、马蒂亚斯·奥尔森、约克·米高勒德、马林·谢斯特兰德、泰德·万纳菲尔德、卡尔·约翰·格兰丁森，以及卡林·博伊斯。

对在演讲中，在行走的街道上，或通过邮件和书信对我所写的内容给予评价、提出意见的各位表示真诚的感谢。你们赋予了我巨大的灵感。

向在写作过程中一直耐心等待我、给予我思路，与我一起探讨观点的塞西莉娅·维克隆德、安娜·帕亚克献上真挚的谢意。

感谢有声书朗读者约翰·斯文森，为了新书能够顺利出版一直奔走的邦尼出版社市场部负责人索菲亚·海乌林和汉娜·隆德克维斯特，将本书传播到海外的邦尼出版社版权团队，以及为各章献上了魔法般优秀插画的丽萨·扎克瑞森。

感谢各位的付出和陪伴！

参考文献

1. 仍处于原始时代的大脑

"Waist-to-hip ratio, body mass index, age and number of children in seven traditional societies" (2017), *Scientific Reports*, volume 7, Article number: 1622.

Williams, L et al (2008), "Experiencing physical warmth promotes interpersonal warmth." *Science*, 2008 Oct 24; 322(5901): 606–607.

2. 压力、焦虑和抑郁——进化的赢家?

Barnes, J et al (2017), "Genetic contributions of inflammation to depression." *Neuropsychopharmacology*, 2017 Jan; 42 (1): 81–98.

Dhabhar, F et al (2012), "Stress-induced redistribution of immune cells–from barracks to boulevards to battlefields: a tale of three hormones–curt richter award winner." *Psychoneuroendocrinology*. 2012 Sep; 37 (9): 1345–1368.

Jovanovic, H et al (2011), "Chronic stress is linked to 5-HT(1A) receptor changes and functional disintegration of the limbic networks." *Neuroimage*, 2011, Jan 4.

Laval, G E et al (2010), "Formulating a historical and demographic model of recent human evolution based on resequencing data from noncoding regions." *PLOS ONE* 5(4): e10284.4

Miller, A, et al (2013), "The evolutionary significance of depression in pathogen host defense." *Molecular Psychiatry* 18, 15–37. www.socialstyrelsen.se/statistik/statistikdatabas/lakemedel

3. 手机——一种新型兴奋剂

"Americans check their phones 80 times a day study." *NYPost* 2017-11-08.

"Billionaire tech mogul Bill Gates reveals he banned his children from mobile phones until they turned 14." *The Mirror* 2017-04-21.

Bolton, N (2014), "Steve Jobs was a low-tech parent." *New York Times* 2014-09-10.

Boumosleh, J et al (2017), "Depression, anxiety, and smartphone addiction in university students – a cross sectional study." *PLOS ONE* 12(8): e0182239

Bromberg-Martin, E (2009), "Midbrain dopamine neurons signal preference for advance information about upcoming rewards." *Neuron* 63; 119–126.

Krebs, R M et al (2011), "Novelty increases the mesolimbic functional connectivity of the substantia nigra/ventral tegmental area (SN/VTA) during reward anticipation: Evidence from high- resolution fMRI." *Neuroimage*, Volume 58, Issue 2, 15 September 2011, Pages 647–655.

Meeker, M (2018), "Internet trends 2018." *Kleiner Perkins*.

Schultz, W et al (1997), "A neural substrate of prediction and reward." *Science* 14 March 1997: Vol. 275, Issue 5306, pp. 1593–1599. DOI: 10.1126/science.275.5306.1593

Schwab, K (2017), "Nest founder: I wake up in cold sweats thinking what did we bring to the world." *Fast Design*, 2017-07-07.

Zald, D et al (2004), "Dopamine transmission in the human striatum during monetary reward tasks." *Journal of Neuroscience*, 28 April 2004, 24 (17) 4105–4112.

4. 注意力——时间的稀缺性

Bowman, L et al (2010), "Can students realy multitask? An experimental study on instant messaging while reading." *Computers and education*, 54; 927–931.

Dwyer, R et al (2018), "Smartphone use undermines enjoyment of face-to-face social interactions." *Journal of Experimental Social Psychology*, Vol 78, 233–239.

"Effect of the presence of a mobile phone during a spatial visual search." *Japanese Psychological Research*, Vol. 59, No. 2, 2017. DOI: 10.1111/jpr.12143

Henkel, L (2013), "Point-and-shoot-memories." *Psychological Science* 25; 396–402.

Muller, P et al (2014), "The pen is mightier than the keyboard: advantages of longhand over laptop note taking." *Psychological Science*, Vol 25, issue 6, pages: 1159–1168.

Ophir, E et al (2009), "Cognitive control in media multitaskers." *PNAS* 15583–15587, DOI: 10.1073/pnas.0903620106.

Paul, K (2017), "How your smartphone could be ruining your career." *Marketwatch* 2017-03-31.

Poldrack, R et al (2006), "Modulation of competing memory systems by distraction." *Proceedings of the National Academy of Sciences*, 103 (31) 11778–11783, 2006.

Sparrow, B et al (2011), "Google effects on memory: cognitive consequences of having information at our fingertips." *Science* 333, 776(2011).

Uncapher, M et al (2016), "Media multitasking and memory: Differences in working memory and long-term memory." *Psychonomic Bulletin & Review*. 2016 Apr; 23(2): 483–490.

Ward, F et al (2017), "Brain drain: The mere presence of one's own smartphone reduces available cognitive capacity." *Journal of the Association for Consumer Research* 2, no. 2 (April 2017): 140–154.

Yehnert, C et al (2015), "The attentional cost of receiving a cell notification. " *Journal of Experimental Psychology: Human Perception and Performance*. June 2015.

5. 偷走时间的最大嫌疑人

Alhassan, A et al (2018), "The relationship between addiction to smartphone usage and depression among adults: a cross sectional study." *BMC Psychiatry* 2018, 18: 148.

APA (2018), "Stress in America" *survey*.

Bian, M et al (2015), "Linking loneliness, shyness, smartphone addiction symptoms, and patterns of smartphone use to social capital." *Social Science Computer Review*, 2015; 33(1): 61–79.

Christensen, M A et al (2016), "Direct measurement of smartphone screen-time: relationships with demographics and sleep." *PLOS One*: 2016 Nov 9;11(11):e0165331.

Falbe, J et al (2015), "Sleep duration, restfulness, and screens in the sleep environment." *Pediatrics*. DOI: 10.1542/peds.2014–2306.

Folkhälsomyndighetens nationella folkhälsoenkät (2016).

Hale, L et al (2015), "Screen time and sleep among school-aged children and adolescents: a systematic literature review." *Sleep Med Rev*. 2015 Jun; 21: 50–588. DOI: 10.1016/j.smrv.2014.07.007. Epub 2014 Aug 12.

Harwood, J et al (2014), "Constantly connected: the effects of smart-devices on mental health." *Computers in Human Behavior*, 34, 267–272.

Sifferlin, A (2017), "Smartphones are really stressing out americans." *Time* 2017-02-23.

Sparks, D (2013), " Are smartphones disrupting your sleep?" *Mayo clinic examines the question*. June 3, 2013.

Thomée, S et al (2011), "Mobile phone use and stress, sleep disturbances, and symptoms of depression among young adults – a prospective cohort study." *BMC Public Health* 201111: 66.

Warmsley, E et al (2010), "Dreaming of a learning task is associated with enhanced sleep-dependent memory consolidation." *Current Biology* 2010; 20; 9, 850–855.

6. 那些戒掉 SNS 后情绪变好的人

Appel, H et al (2016), "The interplay between Facebook use, social comparison, envy, and depression." *Current Opinion in Psychology*. Volume 9, June 2016, Pages 44–49.

Booker, C et al (2018), "Gender differences in the associations between age trends of social media interaction and well-being among 10–15 year olds in the UK." *BMC Public Health* 2018-03-20: 321.

Bosson, J K et al (2006), "Interpersonal chemistry through negativity: bonding by sharing negative attitudes about others." *Personal Relationships*, June 2006.

Brailovskaia, J et al (2017), "Facebook addiction disorder among german students – a longitudal approach." *PLOS One*.

Chang, L et al (2017), "The code for facial identity in the primate brain." DOI.org./10.1016/j.cell.2017.05.011.

Diamond, J (1993), *The third chimpanzee: the evolution and future of the human animal.* Harper Perennial.

Dunbar, R (1996), *Grooming, gossip and the evolution of language.* Harvard University Press. ISBN-10: 0674363345.

Hunt, M et al (2018), "No more FOMO: limiting social media decreases loneliness and depression." *Journal of Social and Clinical Psychology*, 2018; 751.

Konrath, S et al (2010), "Changes in dispositional empathy in American college students over time: a meta-analysis." *Personality and Social Psychology Review*, 15(2), 180–198.

Kross, E et al (2013), "Facebook use predicts declines in subjective well-being in young adults." DOI: org/10.1371/journal.pone.0069841. PLOS One 2013.

McAteer, O (2018), "Gen Z is quitting social media in droves because it makes them unhappy, study finds." *PR Week*, March 09, 2018.

McGuire, M et al (1998), *Darwinian psychiatry.* Oxford University Press.

Meshi, D et al (2013), "Nucleus accumbens response to gains in reputation for the self relative to gains for others predicts social media use." *Frontiers in Human Neuroscience*, 7, 2013.

Nabi, R L et al (2013), "Facebook friends with (health) benefits? Exploring social network site use and perceptions of social support, stress, and well-being." *Cyberpsychol Behav Soc Netw*. 2013; 16(10): 721–727.

Primack, B et al (2017), "Social media use and perceived social isolation among young adults in the U.S." *American Journal of Preventive Medicine*, July 2017, Volume 53, Issue 1, pages 1–8.

Raleigh, M et al (1984), "Social and environmental influences on blood serotonin concentrations in monkeys." *Arch Gen Psychiatry*. 1984 Apr; 41(4): 405–410.

Rizzolatti, G et al (1988), "Functional organization of inferior area 6 in the macaque monkey. 11. Area F5 and the control of distal movements." *Exp Brain Res*. 1988; 71: 491–507. DOI: 10.1007/BF00248742.

Shakya, H et al (2017), "Association of Facebook use with compromised well-being: a longitudinal study." *American Journal of Epidemiology*. DOI: 10.1093/aje/kww189.

Song, H et al (2014), "Does Facebook make you lonely?: A meta analysis." *Computers in Human Behavior*, 2014; 36: 446.

Tromholt, M et al (2016), "The Facebook experiment: quitting FB leads to higher levels of wellbeing." *Cyberpsychol Behav Soc Netw*. 2016 Nov; 19(11): 661–666.

Wang, A (2017), "Former Facebook VP says social media is destroying society with 'dopamine-driven feedback loops'." *Washington Post* 2017-12-12.

Vosoughi, S et al (2018), "The spread of true and false news online." *Science*. 359, Issue 6380, Pages 1146–1151.

7. 数码产品会给孩子带来哪些影响

Casey, B J et al (2011), "The adolescent brain." *Annals of the N Y Academy of Science*. 2008 Mar; 1124: 111–126.

Chen, Q et al (2016), "Does multitasking with mobile phones affect learning? A review." *Computers in Human Behavior*, Vol 64, Page 938.

Lowensohn, J, (2012), "Apple's fiscal 2012 in numbers: 125M iPhones, 58,31M iPads." *CNET*, oct 25, 2012.

Elhai, J D et al (2017), "Problematic smartphone use: A conceptual overview and systematic review of relations with anxiety and depression psychopathology." *Journal of Affective Disorders Volume* 207, 1 January 2017, Pages 251–259.

Gutiérrez, J et al (2017), "Cell-phone addiction – a review. Frontiers in psychiatry."

Hadar, A et al (2017), "Answering the missed call: initial exploration of cognitive and electrophysiological changes associated with smartphone use and abuse." *PLoS ONE* 12(7):e 0180094.

Jiang, Z et al (2016), "Self-control and problematic mobile phone use in chinese college students: the mediating role of mobile phone use patterns." *BMC Psychiatry*. 2016; 16: 416.

Julius, M et al (2016), "Children's ability to learn a motor skill is related to handwriting and reading proficiency." *Learning and Individual Differences*, Vol 51, 265–272.

Kuznekoff, J H et al (2013), "The impact of mobile phone usage on student learning." DOI.org/10.1080/03634523.2013.767917

Liu, M et al (2016), "Dose-response association of screen time-based sedentary behaviour in children and adolescents and depression: a meta-analysis of observational studies." *Br J Sports Med.* 2016 Oct; 50(20): 1252–1258.

Makin, S (2018), "Searching for digital technology's effects on well- being." *Nature* 563, s 138–140.

Mundell, E J (2017), "Antidepressant use in U.S soars by 65 percent in 15 years." *CBS News*.

Plass, K (2018), "Let Kids Play." *New York Times* 2018-08-20.

Rutledge, R et al (2016), "Risk taking for potential reward decreases across the lifespan." *Current Biology*. June 2, 2016.

Socialstyrelsen 2017-12-13. "Kraftig ökning av psykisk ohälsa bland unga."

The World Unplugged project. https://theworldunplugged.wordpress. com.

TV4 Nyheterna (2017), "Färre unga spelar musikinstrument." Klipp 2017-12-25 kl. 08:18.

Twenge, J et al (2018), "Associations between screen time and lower psychological well-being among children and adolescents: evidence from a population-based study." *Preventive Medicine Reports*, Vol 12, December 2018, Pages 271–283.

Twenge, J (2016), "Have smartphones destroyed a generation?" *The Atlantic*, September 2016.

Wahlstrom, D et al (2010), "Developmental changes in dopamine neurotransmission in adolescence: behavioral implications and issues in assessment." *Brain and cognition*. 2010 Feb; 72(1): 146.

Wallace, K (2016), "Half of teens think they're addicted to their smartphones." CNN 2016-07-29.

Walsh, J et al (2018), "Associations between 24 hour movement behaviours and global cognition in US children: a cross-sectional observational study." *The Lancet Child & Adolescent Health.*

Wilmer, H et al (2016), "Mobile technology habits: patterns of association among device usage, intertemporal preference, impulse control and reward sensitivity." *Psychonomic Bulletin & Review*, Oct 2016, Vol 23, issue 5, pages 1607–1614.

8. 想要有所改变，就先运动起来

Althoff, T (2017), "Large-scale physical activity data reveal worldwide activity inequality." *Nature*, 20 July 2017, vol 547, pages 336–339.

Aylett, E et al (2018), "Exercise in the treatment of clinical anxiety in general practice–a systematic review and meta-analysis." *BMC Health Services Research*. DOI.org/10.1186/s12913-018-3313-5

Ekblom Bak, E at al (2018), "Decline in cardiorespiratory fitness in the swedish working force between 1995 and 2017." *Scandinavian Journal of Medicine Science in Sports*.

Gomes-Osman, J et al (2018), "Exercise for cognitive brain health in aging: A systematic review for an evaluation of dose." DOI: 10.1212/CPJ.0000000000000460.

de Greeff, J et al (2018), "Effects of physical activity on executive functions, attention and academic performance in preadolescent children: a meta-analysis." *J Sci Med Sport*. 2018 May; 21(5): 501–507. DOI: 10.1016/j.jsams.2017.09.595. Epub 2017 Oct 10.

Harris, H et al (2017), "Impact of coordinated-bilateral physical activities on attention and concentration in school-aged children." *Biomed Res Int*. 2018; 2018: 2539748.

Marr, B (2018), "How much data do we create every day? The mind-blowing stats everyone should read." *Forbes* 2018-05-21 och visualcapitalist.com.

Raustorp, A et al (2018), "Comparisons of pedometer determined weekday physical activity among swedish school children and adolescents in 2000 and 2017 showed the highest reductions in adolescents." *Acta pediatrica*, Dec 2018. DOI: 10.1111/apa.14678.

Ryan, T et al (2015), “Gracility of the modern Homo sapiens skeleton is the result of decreased biomechanical loading.” *PNAS January* 13, 2015, 112 (2), pages 372–377.

Silva, A et al (2014), “Measurement of the effect of physical exercise on the concentration of individuals with adhd.” *PLOS ONE DOI*:10.1371/journal.pone.0122119

Vanhelst, J et al (2016), “Physical activity is associated with attention capacity in adolescents.” *The Journal of Pediatrics*, Volume 168, January 2016, Pages 1–2.

9. 大脑至今仍在持续变化着

Carr, N (2011), *The shallows: what the internet is doing to our brains.* W.W.W. Norton Company. ISBN 9780393339758.

Fogel, R (2004), *The escape from hunger and premature death,* 1700–2100. Cambridge University Press.

Maguire, E et al (2000), “Navigation-related structural change in the hippocampi of taxi drivers.” *PNAS* 2000; 97: 4098–4403.

Maguire, E et al (2006), “London taxi drivers and bus drivers: a structural MRI and neuropsychological analysis.” *Hippocampus* 2006; 16: 1091–1101. DOI: 10.1002/hipo.20233.

Nationellt centrum för suicidforskning och prevention. Karolinska Institutet.

Winerman, L (2013), “Smarter than ever?” *American Psychological Association.* March 2013, Vol 44, No. 3.

图书在版编目（CIP）数据

手机大脑 / (瑞典) 安德斯·汉森 (Anders Hansen) 著；任李肖垚译. -- 北京：北京联合出版公司, 2022.8（2024.3重印）

ISBN 978-7-5596-6284-2

Ⅰ. ①手… Ⅱ. ①安… ②任… Ⅲ. ①移动电话机—社会影响—研究 Ⅳ. ①TN929.53

中国版本图书馆CIP数据核字(2022)第119090号

手机大脑

著　　者：［瑞典］安德斯·汉森
译　　者：任李肖垚
出 品 人：赵红仕
选题策划：银杏树下
出版统筹：吴兴元
特约编辑：曹　可
责任编辑：张　萌
营销推广：ONEBOOK
装帧制造：墨白空间·陈威伸

北京联合出版公司出版
（北京市西城区德外大街 83 号楼 9 层　100088）
后浪出版咨询（北京）有限责任公司发行
北京盛通印刷股份有限公司　新华书店经销
字数 141 千字　889 毫米 × 1194 毫米　1/32　6.25 印张
2022 年 8 月第 1 版　2024 年 3 月第 4 次印刷
ISBN 978-7-5596-6284-2
定价：60.00 元